崧燁文化

曹永忠、吳佳駿
許智誠、蔡英德　著

藍芽氣氛燈程式開發
(智慧家庭篇)

Using Nano to Develop a Bluetooth-Control
Hue Light Bulb (Smart Home Series)

自序

這本書可以說是我的書另一個里程碑，之前參考別人設計的產品，以逆向工程手法展開原有產品設計方式，再進行重新實作出一個類似產品，但是筆者發現，很多學子希望能夠學習到創新設計、開發一個全新產品。

基於上面的理念，筆者開發設計出全彩氣氛燈泡的產品，透過這個產品開發專案來攥寫本書，希望透過這個產品開發過程來講解各種產品開發的資訊技能，來培養學子基礎程式開發的能力，等基礎扎穩之後，面對更難的產品開發或物聯網系統開發，有能游刃有餘。

之前飛利浦開發的ＨＳＵ燈泡，超過五千元的高價，然而這個開發技術門檻並非哪麼高，本文使用非常簡易的 Nano 開發板加上 WS2812B RGB Led 模組，進行手機ＡＰＰｓ手機程式，來控制這個家電，讓毫不起眼的ＬＥＤ燈泡，轉眼之間就變成智慧家居的光之神器，可以透過手機程式點亮全家彩色繽紛的生活。

本系列的書籍，由之前一位產品駭客，將現有產品的產品透過逆向工程的手法，進而了解核心控制系統之軟硬體，再透過簡單易學的 Arduino 單晶片與 C 語言，進而學到開發技術後，我們探求使用者需求來開發出一個新產品的方式，如此進而升級為一位創新科技的開發者。

如此一來，因為學子們進行『創新開發產品』過程之中，可以很有把握的了解自己正在進行什麼，對於學習過程之中，透過實務需求導引著開發過程，可以讓學子們讓實務產出與邏輯化思考產生關連，如此可以一掃過去陰霾，更踏實的進行學習。

這四年多以來的經驗分享，逐漸在這群學子身上看到發芽，開始成長，覺得 Maker 的教育方式，極有可能在未來成為教育的主流，相信我每日、每月、每年不斷的努力之下，未來 Maker 的教育、推廣、普及、成熟將指日可待。

最後，請大家可以加入 Maker 的 Open Knowledge 的行列。

曹永忠 於貓咪樂園

自序

記得自己在大學資訊工程系修習電子電路實驗的時候，自己對於設計與製作電路板是一點興趣也沒有，然後又沒有天分，所以那是苦不堪言的一堂課，還好當年有我同組的好同學，努力的照顧我，命令我做這做那，我不會的他就自己做，如此讓我解決了資訊工程學系課程中，我最不擅長的課。

當時資訊工程學系對於設計電子電路課程，大多數都是專攻軟體的學生去修習時，系上的用意應該是要大家軟硬兼修，尤其是在台灣這個大部分是硬體為主的產業環境，但是對於一個軟體設計，但是缺乏硬體專業訓練，或是對於眾多機械機構與機電整合原理不太有概念的人，在理解現代的許多機電整合設計時，學習上都會有很多的困擾與障礙，因為專精於軟體設計的人，不一定能很容易就懂機電控制設計與機電整合。懂得機電控制的人，也不一定知道軟體該如何運作，不同的機電控制或是軟體開發常常都會有不同的解決方法。

除非您很有各方面的天賦，或是在學校巧遇名師教導，否則通常不太容易能在機電控制與機電整合這方面自我學習，進而成為專業人員。

而自從有了 Arduino 這個平台後，上述的困擾就大部分迎刃而解了，因為 Arduino 這個平台讓你可以以不變應萬變，用一致性的平台，來做很多機電控制、機電整合學習，進而將軟體開發整合到機構設計之中，在這個機械、電子、電機、資訊、工程等整合領域，不失為一個很大的福音，尤其在創意掛帥的年代，能夠自己創新想法，從 Original Idea 到產品開發與整合能夠自己獨立完整設計出來，自己就能夠更容易完全了解與掌握核心技術與產業技術，整個開發過程必定可以提供思維上與實務上更多的收穫。

Arduino 平台引進台灣自今，雖然越來越多的書籍出版，但是從設計、開發、製作出一個完整產品並解析產品設計思維，這樣產品開發的書籍仍然鮮見，尤其是能夠從頭到尾，利用範例與理論解釋並重，完完整整的解說如何用 Arduino 設計出一個完整產品，介紹開發過程中，機電控制與軟體整合相關技術與範例，如此的書籍更是付之闕如。永忠、英德兄與敝人計畫撰寫 Maker 系列，就是基於這樣對市場需要的觀察，開發出這樣的書籍。

作者出版了許多的 Arduino 系列的書籍，深深覺的，基礎乃是最根本的實力，所以回到最基礎的地方，希望透過最基本的程式設計教學，來提供眾多的 Makers 在入門 Arduino 時，如何開始，如何攥寫自己的程式，進而介紹不同的週邊模組，主要的目的是希望學子可以學到如何使用這些週邊模組來設計程式，期望在未來產品開發時，可以更得心應手的使用這些週邊模組與感測器，更快將自己的想法實現，希望讀者可以了解與學習到作者寫書的初衷。

許智誠　於中壢雙連坡中央大學 管理學院

自序

隨著資通技術(ICT)的進步與普及，取得資料不僅方便快速，傳播資訊的管道也多樣化與便利。然而，在網路搜尋到的資料卻越來越巨量，如何將在眾多的資料之中篩選出正確的資訊，進而萃取出您要的知識？如何獲得同時具廣度與深度的知識？如何一次就獲得最正確的知識？相信這些都是大家共同思考的問題。

為了解決這些困惱大家的問題，永忠、智誠兄與敝人計畫製作一系列「Maker 系列」書籍來傳遞兼具廣度與深度的軟體開發知識，希望讀者能利用這些書籍迅速掌握正確知識。首先規劃「以一個 Maker 的觀點，找尋所有可用資源並整合相關技術，透過創意與逆向工程的技法進行設計與開發」的系列書籍，運用現有的產品或零件，透過駭入產品的逆向工程的手法，拆解後並重製其控制核心，並使用 Arduino 相關技術進行產品設計與開發等過程，讓電子、機械、電機、控制、軟體、工程進行跨領域的整合。

近年來 Arduino 異軍突起，在許多大學，甚至高中職、國中，甚至許多出社會的工程達人，都以 Arduino 為單晶片控制裝置，整合許多感測器、馬達、動力機構、手機、平板...等，開發出許多具創意的互動產品與數位藝術。由於 Arduino 的簡單、易用、價格合理、資源眾多，許多大專院校及社團都推出相關課程與研習機會來學習與推廣。

以往介紹 ICT 技術的書籍大部份以理論開始、為了深化開發與專業技術，往往忘記這些產品產品開發背後所需要的背景、動機、需求、環境因素等，讓讀者在學習之間，不容易了解當初開發這些產品的原始創意與想法，基於這樣的原因，一般人學起來特別感到吃力與迷惘。

本書為了讀者能夠深入了解產品開發的背景，本系列整合 Maker 自造者的觀念與創意發想，深入產品技術核心，進而開發產品，只要讀者跟著本書一步一步研習與實作，在完成之際，回頭思考，就很容易了解開發產品的整體思維。透過這樣的思路，讀者就可以輕易地轉移學習經驗至其他相關的產品實作上。

所以本書是能夠自修的書，讀完後不僅能依據書本的實作說明準備材料來製作，盡情享受 DIY(Do It Yourself)的樂趣，還能了解其原理並推展至其他應用。有興趣的讀者可再利用書後的參考文獻繼續研讀相關資料。

本書的發行有新的創舉，就是以電子書型式發行，在國家圖書館(http://www.ncl.edu.tw/)、國立公共資訊圖書館 National Library of Public Information(http://www.nlpi.edu.tw/)、台灣雲端圖庫(http://www.ebookservice.tw/)等都可以免費借閱與閱讀，如要購買的讀者也可以到許多電子書網路商城、Google Books 與 Google Play 都可以購買之後下載與閱讀。希望讀者能珍惜機會閱讀及學習，繼續將知識與資訊傳播出去，讓有興趣的眾人都受益。希望這個拋磚引玉的舉動能讓更多人響應與跟進，一起共襄盛舉。

本書可能還有不盡完美之處，非常歡迎您的指教與建議。近期還將推出其他 Arduino 相關應用與實作的書籍，敬請期待。

最後，請您立刻行動翻書閱讀。

蔡英德 於台中沙鹿靜宜大學主顧樓

目 錄

物聯網系列

本書是『物聯網系列』之『智慧家庭篇氣氛燈泡』的第二本書，是筆者針對智慧家庭為主軸，進行開發各種智慧家庭產品之小小書系列，主要是給讀者熟悉使用 Arduino Nano 來開發物聯網之各樣產品之原型(ProtoTyping)，進而介紹這些產品衍伸出來的技術、程式攥寫技巧，以漸進式的方法介紹、使用方式、電路連接範例等等。

AArduino Nano 開發板最強大的不只是它的簡單易學的開發工具，最強大的是它網路功能與簡單易學的模組函式庫，幾乎 Maker 想到應用於物聯網開發的東西，可以透過眾多的周邊模組，都可以輕易的將想要完成的東西用堆積木的方式快速建立，而且價格比原廠 Arduino Yun 或 Arduino + Wifi Shield 更具優勢，最強大的是這些周邊模組對應的函式庫，瑞昱科技有專職的研發人員不斷的支持，讓 Maker 不需要具有深厚的電子、電機與電路能力，就可以輕易駕御這些模組。

所以本書要介紹台灣、中國、歐美等市面上最常見的智慧家庭產品，使用逆向工程的技巧，推敲出這些產品開發的可行性技巧，並以實作方式重作這些產品，讓讀者可以輕鬆學會這些產品開發的可行性技巧，進而提升各位 Maker 的實力，希望筆者可以推出更多的入門書籍給更多想要進入『Arduino Nano』、『物聯網』這個未來大趨勢，所有才有這個物聯網系列的產生。

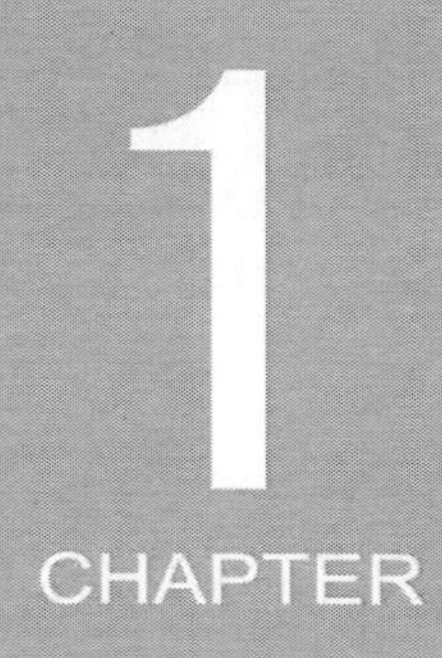

CHAPTER

控制LED燈泡

本書主要是教導讀者可以如何使用發光二極體來發光，進而使用全彩的發光二極體來產生各類的顏色，由維基百科[1]中得知：發光二極體（英語：Light-emitting diode，縮寫：LED）是一種能發光的半導體電子元件，透過三價與五價元素所組成的複合光源。此種電子元件早在 1962 年出現，早期只能夠發出低光度的紅光，被惠普買下專利後當作指示燈利用。及後發展出其他單色光的版本，時至今日，能夠發出的光已經遍及可見光、紅外線及紫外線，光度亦提高到相當高的程度。用途由初時的指示燈及顯示板等；隨著白光發光二極體的出現，近年逐漸發展至被普遍用作照明用途(維基百科, 2016)。

發光二極體只能夠往一個方向導通（通電），叫作順向偏壓，當電流流過時，電子與電洞在其內重合而發出單色光，這叫電致發光效應，而光線的波長、顏色跟其所採用的半導體物料種類與故意摻入的元素雜質有關。具有效率高、壽命長、不易破損、反應速度快、可靠性高等傳統光源不及的優點。白光 LED 的發光效率近年有所進步；每千流明成本，也因為大量的資金投入使價格下降，但成本仍遠高於其他的傳統照明。雖然如此，近年仍然越來越多被用在照明用途上(維基百科, 2016)。

讀者可以在市面上，非常容易取得發光二極體，價格、顏色應有盡有，可於一般電子材料行、電器行或網際網路上的網路商城、雅虎拍賣(https://tw.bid.yahoo.com/)、露天拍賣(http://www.ruten.com.tw/)、PChome 線上購物(http://shopping.pchome.com.tw/)、PCHOME 商店街(http://www.pcstore.com.tw/)...等等，購買到發光二極體。

---

[1] 維基百科由非營利組織維基媒體基金會運作，維基媒體基金會是在美國佛羅里達州登記的 501(c)(3)免稅、非營利、慈善機構(https://zh.wikipedia.org/)

發光二極體

如下圖所示，我們可以購買您喜歡的發光二極體，來當作第一次的實驗。

圖 1 發光二極體

如下圖所示，我們可以在維基百科中，找到發光二極體的組成元件圖(維基百科, 2016)。

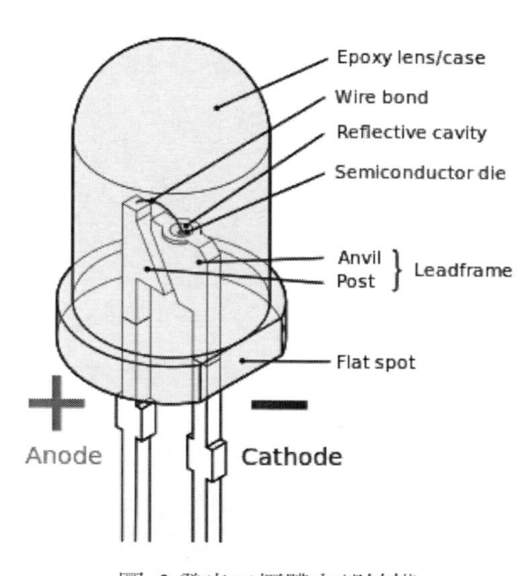

圖 2 發光二極體內部結構

資料來源:Wiki https://zh.wikipedia.org/wiki/%E7%99%BC%E5%85%89%E4%BA%8C%E6%A5%B5%E7%AE%A1(維基

百科, 2016)

控制發光二極體發光

如下圖所示，這個實驗我們需要用到的實驗硬體有下圖.(a)的 Arduino Nano、下圖.(b) Mini USB 下載線、下圖.(c)發光二極體、下圖.(d) 220 歐姆電阻、下圖.(e).LCD1602 液晶顯示器：

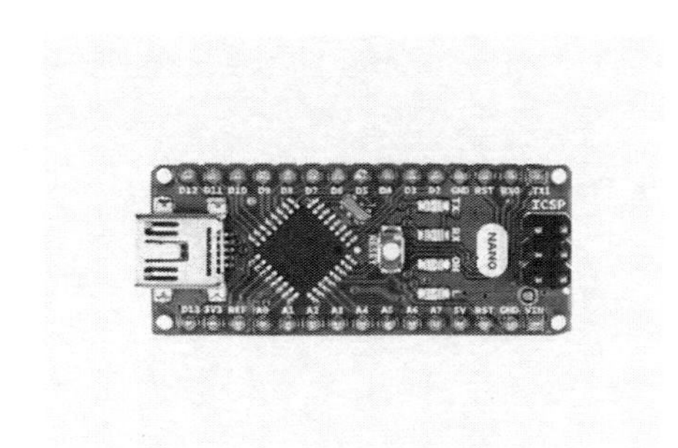

(a). Arduino Nano

(b). Mini USB 下載線

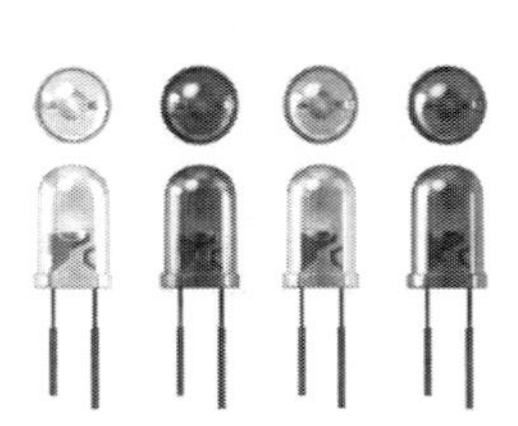

(c). 發光二極體

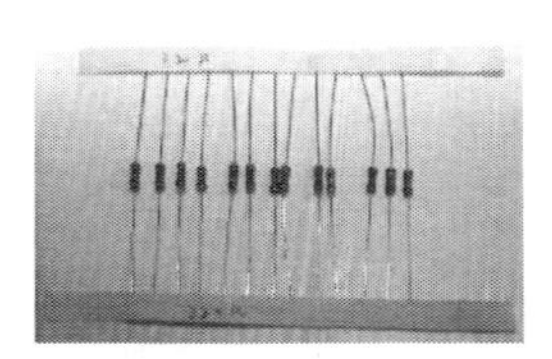

(d).220歐姆電阻

(e).LCD1602液晶顯示器(I2C)

圖 3 控制發光二極體發光所需材料表

讀者可以參考下圖所示之控制發光二極體發光連接電路圖，進行電路組立。

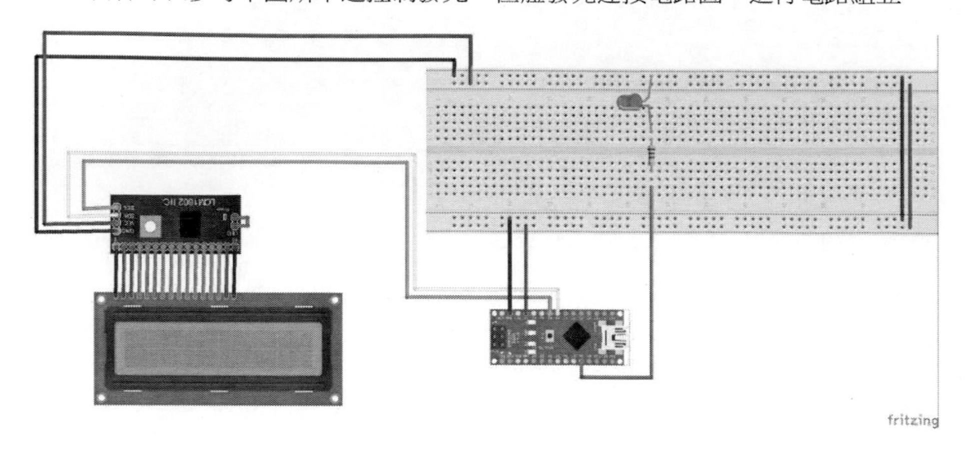

圖 4 控制發光二極體發光連接電路圖

讀者也可以參考下表之控制發光二極體發光接腳表，進行電路組立。

表 1 控制發光二極體發光接腳表

接腳	接腳說明	開發板接腳
1	麵包板 Vcc(紅線)	接電源正極(5V)
2	麵包板 GND(藍線)	接電源負極
3	220 歐姆電阻 A 端	開發板 digitalPin 8(D8)
4	220 歐姆電阻 B 端	Led 燈泡(正極端)
5	Led 燈泡(正極端)	220 歐姆電阻 B 端
6	Led 燈泡(負極端)	麵包板 GND(藍線)

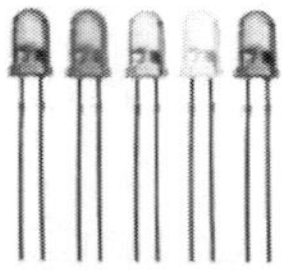

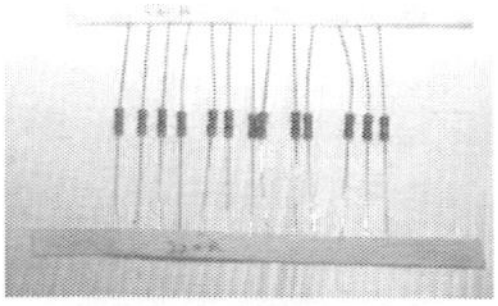

接腳	接腳說明	接腳名稱
1	Ground (0V)	接電源正極(5V)

接腳	接腳說明	開發板接腳
2	Supply voltage; 5V (4.7V – 5.3V)	接電源負極
3	SDA	開發板 SDA Pin(A4)
4	SCL	開發板 SCL Pin(A5)

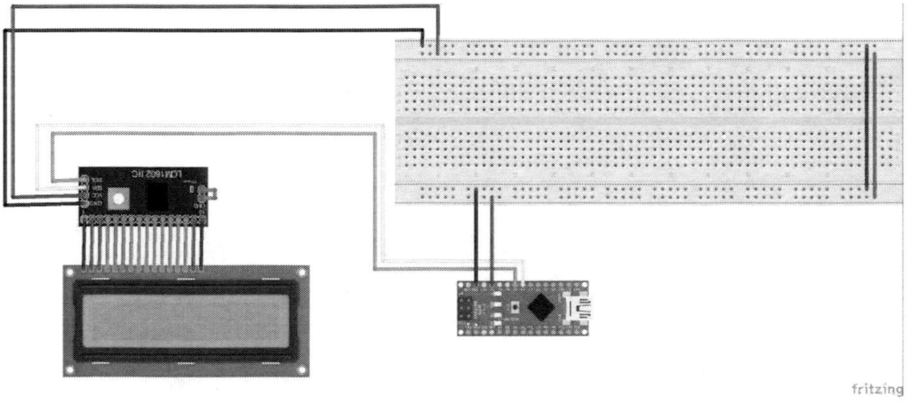

我們遵照前幾章所述，將 Arduino Nano 開發板的驅動程式安裝好之後，我們打開 Arduino Nano 開發板的開發工具：Sketch IDE 整合開發軟體(軟體下載請到：https://www.arduino.cc/en/Main/Software)，攥寫一段程式，如下表所示之控制發光二極體測試程式，控制發光二極體明滅測試(曹永忠, 吳佳駿, 許智誠, & 蔡英德, 2016a, 2016b, 2016c, 2016d, 2017a, 2017b, 2017c; 曹永忠, 許智誠, & 蔡英德, 2015f, 2015l, 2016a, 2016b; 曹永忠, 郭晉魁, 吳佳駿, 許智誠, & 蔡英德, 2017)。

表 2 控制發光二極體測試程式

控制發光二極體測試程式(Nano_Led_Light)

```
#define Blink_Led_Pin 8

// the setup function runs once when you press reset or power the board
void setup() {
  // initialize digital pin Blink_Led_Pin as an output.
  pinMode(Blink_Led_Pin, OUTPUT);      //定義 Blink_Led_Pin 為輸出腳位
}

// the loop function runs over and over again forever
```

```
void loop() {
   digitalWrite(Blink_Led_Pin, HIGH);     // 將腳位 Blink_Led_Pin 設定為高電位
turn the LED on (HIGH is the voltage level)
   delay(1000);                          //休息 1 秒  wait for a second
   digitalWrite(Blink_Led_Pin, LOW);      // 將腳位 Blink_Led_Pin 設定為低電位
turn the LED off by making the voltage LOW
   delay(1000);                          // 休息 1 秒  wait for a second
}
```

程式下載：https://github.com/brucetsao/eHUE_Bulb2

如下圖所示，我們可以看到控制發光二極體測試程式結果畫面。

圖 5 控制發光二極體測試程式結果畫面

章節小結

本章主要介紹之 Arduino Nano 開發板使用與連接發光二極體，透過本章節的解

說，相信讀者會對連接、使用發光二極體，並控制明滅，有更深入的了解與體認。

2
CHAPTER

控制雙色 LED 燈泡

上章節介紹控制發光二極體明滅，相信讀者應該可以駕輕就熟，本章介紹雙色發光二極體，雙色發光二極體用於許多產品開發者於產品狀態指示使用(曹永忠, 吳佳駿, et al., 2016a, 2016b, 2016c, 2016d, 2017a, 2017b, 2017c; 曹永忠 et al., 2015f, 2015l; 曹永忠, 許智誠, et al., 2016a, 2016b; 曹永忠, 郭晉魁, et al., 2017)。

讀者可以在市面上，非常容易取得雙色發光二極體，價格、顏色應有盡有，可於一般電子材料行、電器行或網際網路上的網路商城、雅虎拍賣(https://tw.bid.yahoo.com/)、露天拍賣(http://www.ruten.com.tw/)、PChome 線上購物(http://shopping.pchome.com.tw/)、PCHOME 商店街(http://www.pcstore.com.tw/)...等等，購買到雙色發光二極體。

雙色發光二極體

如下圖所示，我們可以購買您喜歡的雙色發光二極體，來當作第一次的實驗。

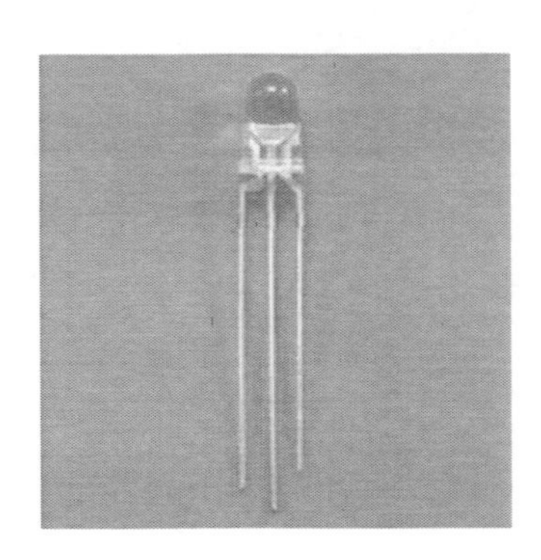

圖 6 雙色發光二極體

如上圖所示，接腳跟一般發光二極體的組成元件圖(維基百科, 2016)類似，只是在製作上把兩個發光二極體做在一起，把共地或共陽的腳位整合成一隻腳位。

控制雙色發光二極體發光

如下圖所示，這個實驗我們需要用到的實驗硬體有下圖.(a)的 Arduino Nano、下圖.(b) Mini USB 下載線、下圖.(c)雙色發光二極體、下圖.(d) 220 歐姆電阻、下圖.(e).LCD1602 液晶顯示器：

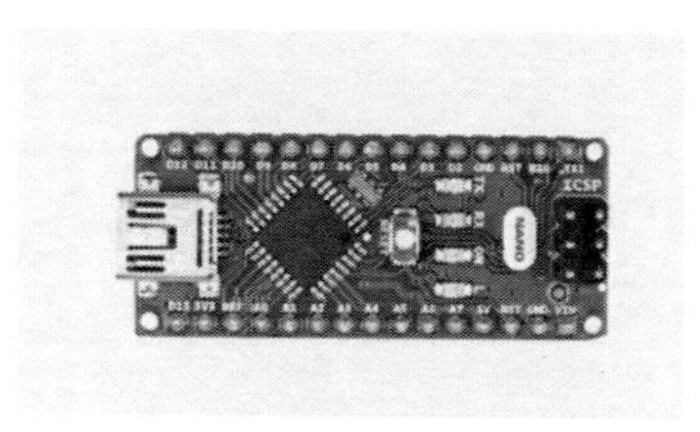

(a). Arduino Nano

(b). Mini USB 下載線

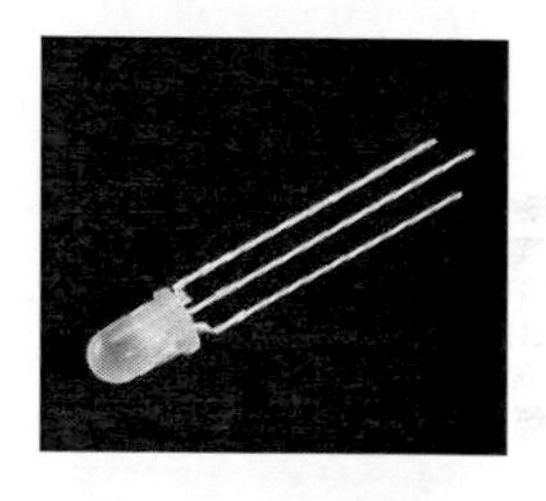

(c). 雙色發光二極體

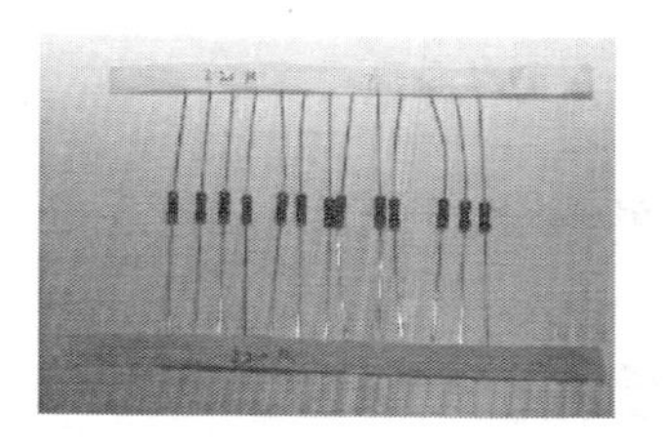

(d).220歐姆電阻

(e).LCD1602液晶顯示器(I2C)

圖 7 控制雙色發光二極體需材料表

讀者可以參考下圖所示之控制雙色發光二極體連接電路圖，進行電路組立。

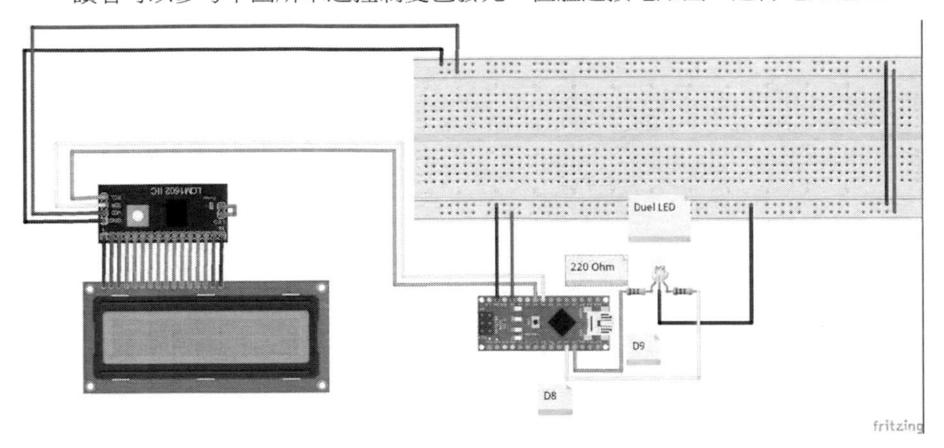

圖 8 控制雙色發光二極體發光連接電路圖

讀者也可以參考下表之控制雙色發光二極體接腳表，進行電路組立。

表 3 控制雙色發光二極體接腳表

接腳	接腳說明	開發板接腳
1	麵包板 Vcc(紅線)	接電源正極(5V)
2	麵包板 GND(藍線)	接電源負極
3	220 歐姆電阻 A 端(1 號)	開發板 digitalPin 8(D8)
3A	220 歐姆電阻 A 端(2 號)	開發板 digitalPin 9(D9)
4	220 歐姆電阻 B 端(1/2 號)	Led 燈泡(正極端)
5	Led 燈泡(G 端:綠色)	220 歐姆電阻 B 端(1 號)
5	Led 燈泡(R 端:紅色)	220 歐姆電阻 B 端(2 號)
6	Led 燈泡(負極端)	麵包板 GND(藍線)

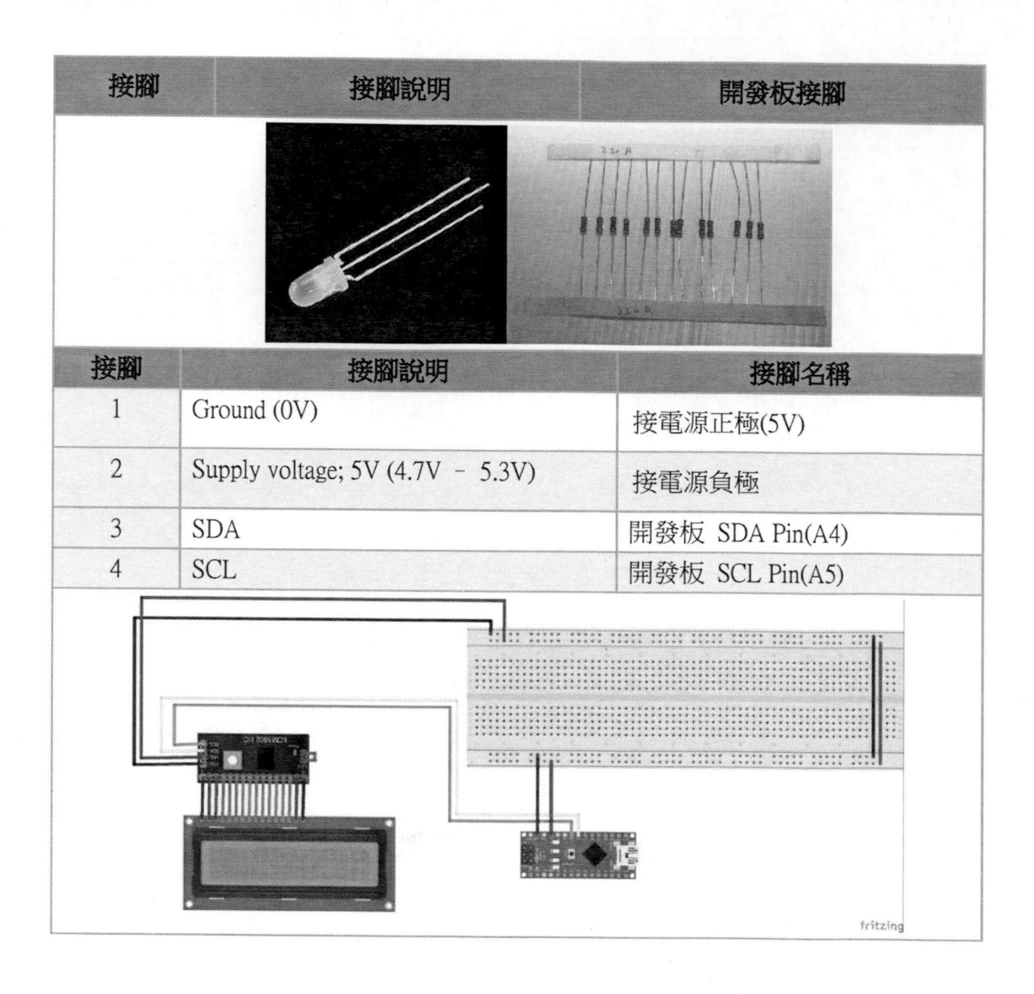

接腳	接腳說明	開發板接腳

接腳	接腳說明	接腳名稱
1	Ground (0V)	接電源正極(5V)
2	Supply voltage; 5V (4.7V － 5.3V)	接電源負極
3	SDA	開發板 SDA Pin(A4)
4	SCL	開發板 SCL Pin(A5)

我們遵照前幾章所述，將 Arduino Nano 開發板的驅動程式安裝好之後，我們打開 Arduino Nano 開發板的開發工具：Sketch IDE 整合開發軟體(軟體下載請到：https://www.arduino.cc/en/Main/Software)，攥寫一段程式，如下表所示之控制雙色發光二極體測試程式，控制雙色發光二極體明滅測試。(曹永忠, 吳佳駿, et al., 2016a, 2016b, 2016c, 2016d, 2017a, 2017b, 2017c; 曹永忠 et al., 2015f, 2015l; 曹永忠, 許智誠, et al., 2016a, 2016b; 曹永忠, 郭晉魁, et al., 2017)

表 4 控制雙色發光二極體測試程式

控制雙色發光二極體測試程式(Nano_DuelLED_LIGHT)
#define Led_Green_Pin 8

```
#define Led_Red_Pin 9
// the setup function runs once when you press reset or power the board
void setup() {
  // initialize digital pin Blink_Led_Pin as an output.
  pinMode(Led_Red_Pin, OUTPUT);        //定義 Led_Red_Pin 為輸出腳位
  pinMode(Led_Green_Pin, OUTPUT);       //定義 Led_Green_Pin 為輸出腳位
  digitalWrite(Led_Red_Pin,LOW) ;
  digitalWrite(Led_Green_Pin,LOW) ;
}

// the loop function runs over and over again forever
void loop() {
  digitalWrite(Led_Green_Pin, HIGH);
  delay(1000);                     //休息 1 秒  wait for a second
  digitalWrite(Led_Green_Pin, LOW);
  delay(1000);                     // 休息 1 秒  wait for a second
  digitalWrite(Led_Red_Pin, HIGH);
  delay(1000);                     //休息 1 秒  wait for a second
  digitalWrite(Led_Red_Pin, LOW);
  delay(1000);                     // 休息 1 秒  wait for a second
  digitalWrite(Led_Green_Pin, HIGH);
  digitalWrite(Led_Red_Pin, HIGH);
  delay(1000);                     //休息 1 秒  wait for a second
  digitalWrite(Led_Green_Pin, LOW);
  digitalWrite(Led_Red_Pin, LOW);
  delay(1000);                     // 休息 1 秒  wait for a second
}
```

程式下載：https://github.com/brucetsao/eHUE_Bulb2

讀者也可以在作者 YouTube 頻道(https://www.youtube.com/user/UltimaBruce)中，在網址 https://www.youtube.com/watch?v=TCVrlSwZIqI&feature=youtu.be ，看到本次實驗-控制雙色發光二極體測試程式結果畫面。

如下圖所示，我們可以看到控制雙色發光二極體測試程式結果畫面。

圖 9 控制雙色發光二極體測試程式結果畫面

章節小結

本章主要介紹之 Arduino Nano 開發板使用與連接雙色發光二極體，透過本章節的解說，相信讀者會對連接、使用雙色發光二極體，並控制不同顏色明滅，有更深入的了解與體認。

3
CHAPTER

控制全彩 LED 燈泡

上章節介紹控制雙色發光二極體明滅(曹永忠, 吳佳駿, et al., 2016a, 2016b, 2016c, 2016d, 2017a, 2017b, 2017c; 曹永忠 et al., 2015f, 2015l; 曹永忠, 許智誠, et al., 2016a, 2016b; 曹永忠, 郭晉魁, et al., 2017)，相信讀者應該可以駕輕就熟，本章介紹全彩發光二極體，在許多彩色字幕機中(曹永忠, 许智诚, & 蔡英德, 2014; 曹永忠, 吳佳駿, et al., 2016a, 2016b, 2016c, 2016d, 2017a, 2017b, 2017c; 曹永忠, 許智誠, & 蔡英德, 2014b, 2014c, 2014d, 2014e, 2014f; 曹永忠, 許智誠, et al., 2016a, 2016b; 曹永忠, 郭晉魁, et al., 2017)，全彩發光二極體獨佔鰲頭，更有許多應用。

讀者可以在市面上，非常容易取得全彩發光二極體，價格、顏色應有盡有，可於一般電子材料行、電器行或網際網路上的網路商城、雅虎拍賣(https://tw.bid.yahoo.com/)、露天拍賣(http://www.ruten.com.tw/)、PChome 線上購物(http://shopping.pchome.com.tw/)、PCHOME 商店街(http://www.pcstore.com.tw/)...等等，購買到全彩發光二極體。

全彩二極體

如下圖所示，我們可以購買您喜歡的全彩發光二極體，來當作這次的實驗。

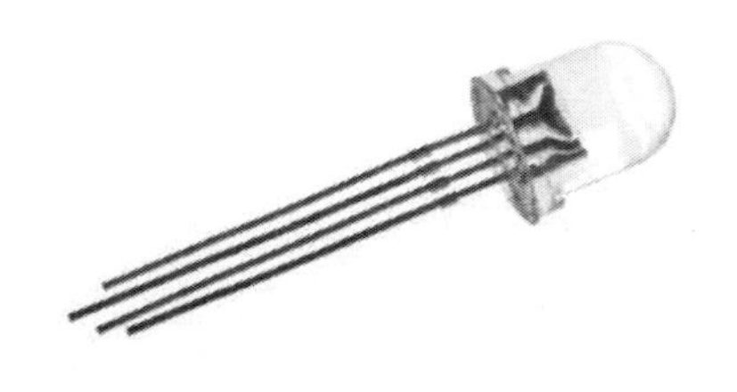

圖 10 全彩發光二極體

如下圖所示，一般全彩發光二極體有兩種，一種是共陽極，另一種是共陰極(一般俗稱共地)，只要將下圖(+)接在+5V 或下圖(-)接在 GND，用其他 R、G、B 三隻腳位分別控制紅色、綠色、藍色三種顏色的明滅，就可以產生彩色的顏色效果。

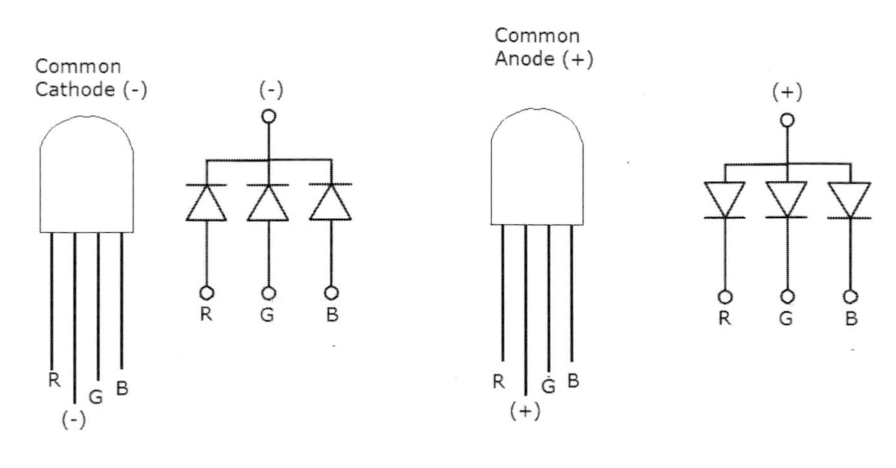

圖 11 全彩發光二極體腳位

控制全彩發光二極體發光

如下圖所示，這個實驗我們需要用到的實驗硬體有下圖.(a)的 Arduino Nano、下圖.(b) Mini USB 下載線、下圖.(c) 全彩發光二極體、下圖.(d) 220 歐姆電阻、下圖.(e).LCD1602 液晶顯示器：

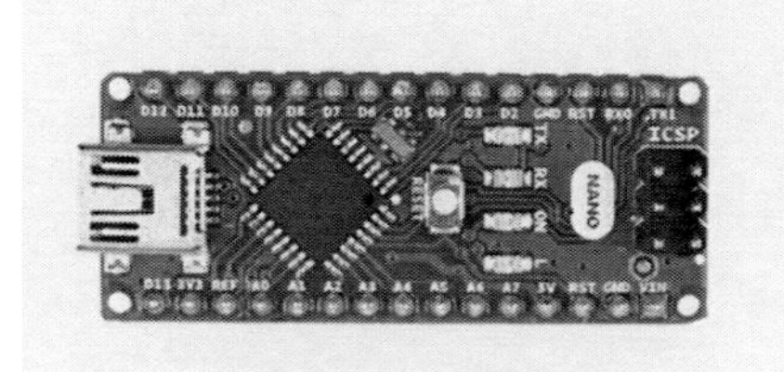

(a). Arduino Nano

(b). Mini USB 下載線

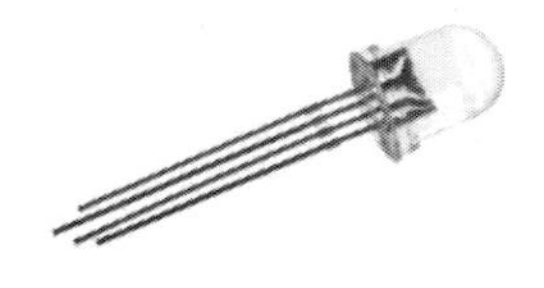

(c). 全彩發光二極體

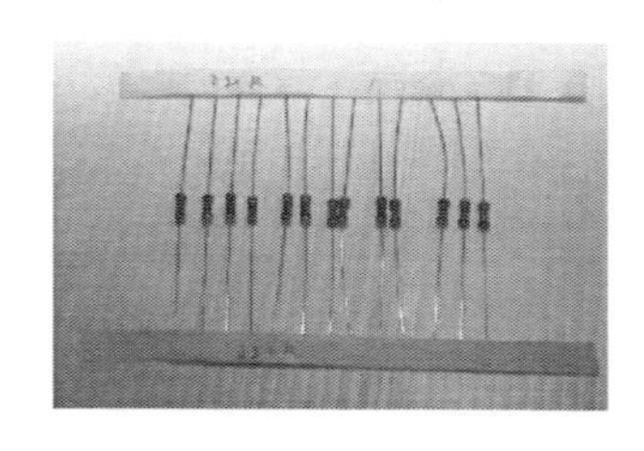

(d).220歐姆電阻

(e).LCD1602液晶顯示器(I2C)

圖 12 控制全彩發光二極體所需材料表

讀者可以參考下圖所示之控制全彩發光二極體連接電路圖，進行電路組立。

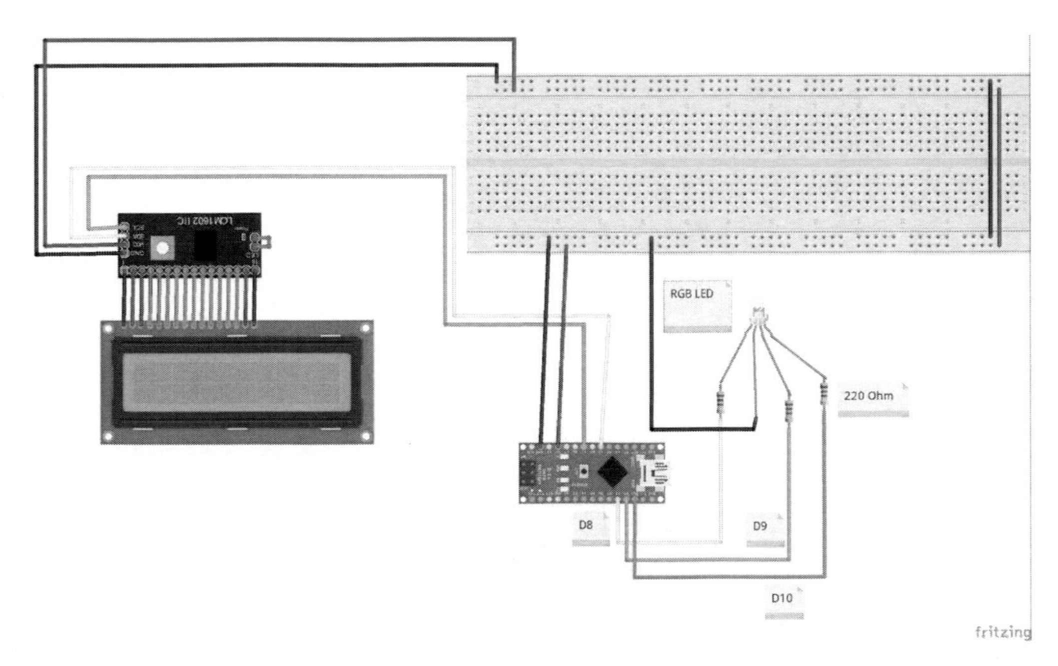

圖 13 控制全彩發光二極體連接電路圖

讀者也可以參考下表之控制全彩發光二極體接腳表，進行電路組立。

表 5 控制全彩發光二極體接腳表

接腳	接腳說明	開發板接腳
1	麵包板 Vcc(紅線)	接電源正極(5V)
2	麵包板 GND(藍線)	接電源負極
3	220 歐姆電阻 A 端(1 號)	開發板 digitalPin 8(D80)
3A	220 歐姆電阻 A 端(2 號)	開發板 digitalPin 9(D9)
3B	220 歐姆電阻 A 端(3 號)	開發板 digitalPin 10(D10)
4	220 歐姆電阻 B 端(1/2/3 號)	Led 燈泡(正極端)
5	Led 燈泡(R 端:紅色)	220 歐姆電阻 B 端(1 號)
5	Led 燈泡 G 端:綠色)	220 歐姆電阻 B 端(2 號)

接腳	接腳說明	開發板接腳
5	Led 燈泡(B 端:藍色)	220 歐姆電阻 B 端(3 號)
6	Led 燈泡(負極端)	麵包板 GND(藍線)

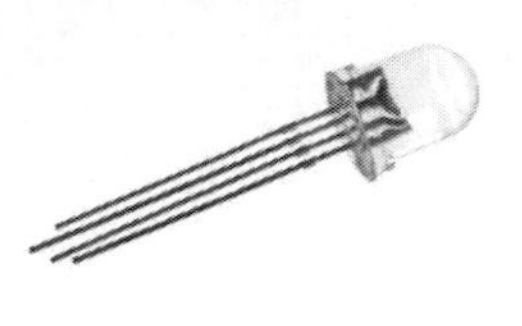

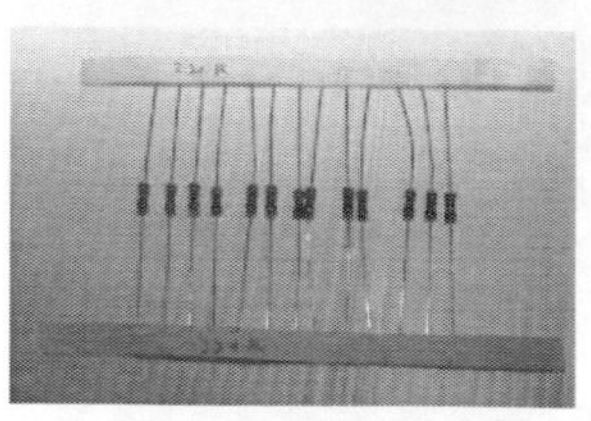

接腳	接腳說明	接腳名稱
1	Ground (0V)	接電源正極(5V)
2	Supply voltage; 5V (4.7V – 5.3V)	接電源負極
3	SDA	開發板 SDA Pin(A4)
4	SCL	開發板 SCL Pin(A5)

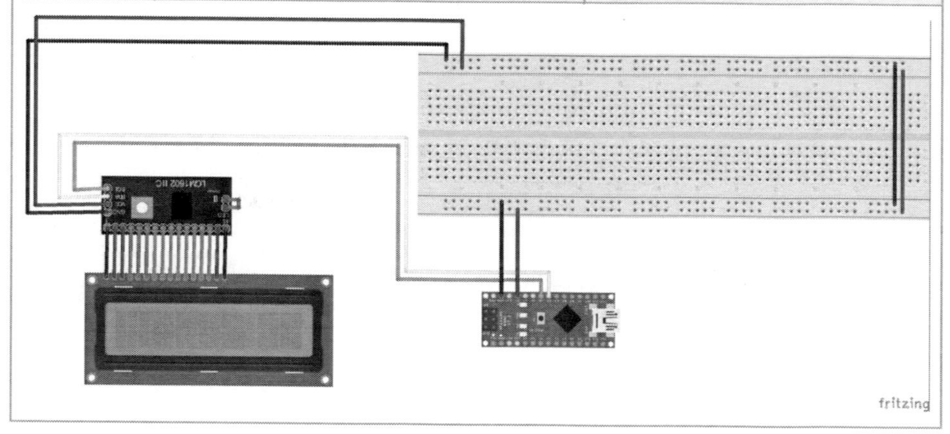

我們遵照前幾章所述，將 Arduino Nano 開發板的驅動程式安裝好之後，我們打開 Arduino Nano 開發板的開發工具：Sketch IDE 整合開發軟體(軟體下載請到：https://www.arduino.cc/en/Main/Software)，攥寫一段程式，如下表所示之控制全彩發光二極體測試程式，控制全彩發光二極體紅色、綠色、藍色明滅測試。(曹永忠, 吳佳駿, et al., 2016a, 2016b, 2016c, 2016d, 2017a, 2017b, 2017c; 曹永忠 et al., 2015f, 2015l; 曹永忠, 許智誠, et al., 2016a, 2016b; 曹永忠, 郭晉魁, et al., 2017)

表 6 控制全彩發光二極體測試程式

控制全彩發光二極體測試程式(Nano_rgbLed_Light)

```
#define Led_Red_Pin 8
#define Led_Green_Pin 9
#define Led_Blue_Pin 10
// the setup function runs once when you press reset or power the board
void setup() {
  // initialize digital pin Blink_Led_Pin as an output.
  pinMode(Led_Red_Pin, OUTPUT);        //定義 Led_Red_Pin 為輸出腳位
  pinMode(Led_Green_Pin, OUTPUT);        //定義 Led_Green_Pin 為輸出腳位
  pinMode(Led_Blue_Pin, OUTPUT);        //定義 Led_Green_Pin 為輸出腳位
  digitalWrite(Led_Red_Pin,LOW) ;
  digitalWrite(Led_Green_Pin,LOW) ;
  digitalWrite(Led_Blue_Pin,LOW) ;
}

// the loop function runs over and over again forever
void loop() {
  digitalWrite(Led_Red_Pin, HIGH);
  delay(1000);                    //休息 1 秒  wait for a second
  digitalWrite(Led_Red_Pin, LOW);
  delay(1000);                    // 休息 1 秒  wait for a second
  digitalWrite(Led_Green_Pin, HIGH);
  delay(1000);                    //休息 1 秒  wait for a second
  digitalWrite(Led_Green_Pin, LOW);
  delay(1000);                    // 休息 1 秒  wait for a second
  digitalWrite(Led_Blue_Pin, HIGH);
  delay(1000);                    //休息 1 秒  wait for a second
  digitalWrite(Led_Blue_Pin, LOW);
  delay(1000);                    // 休息 1 秒  wait for a second
  digitalWrite(Led_Red_Pin, HIGH);
  digitalWrite(Led_Green_Pin, HIGH);
  digitalWrite(Led_Blue_Pin, LOW);
  delay(1000);                    //休息 1 秒  wait for a second
  digitalWrite(Led_Red_Pin, HIGH);
  digitalWrite(Led_Green_Pin, LOW);
  digitalWrite(Led_Blue_Pin, HIGH);
  delay(1000);                    //休息 1 秒  wait for a second
```

```
    digitalWrite(Led_Red_Pin, LOW);
    digitalWrite(Led_Green_Pin, HIGH);
    digitalWrite(Led_Blue_Pin,HIGH );
    delay(1000);                    //休息 1 秒  wait for a second

// all color turn off
    digitalWrite(Led_Red_Pin, LOW);
    digitalWrite(Led_Green_Pin, LOW);
    digitalWrite(Led_Blue_Pin, LOW);
    delay(1000);                    //休息 1 秒  wait for a second

}
```

程式下載：https://github.com/brucetsao/eHUE_Bulb2

讀者也可以在作者 YouTube 頻道(https://www.youtube.com/user/UltimaBruce)中，在網址 https://www.youtube.com/watch?v=4H5nZ75OhC4&feature=youtu.be ，看到本次實驗-控制全彩發光二極體測試程式結果畫面。

如下圖所示，我們可以看到控制全彩發光二極體測試程式結果畫面。

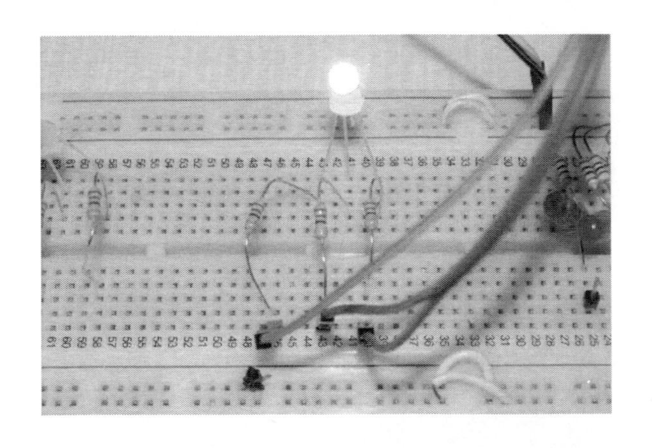

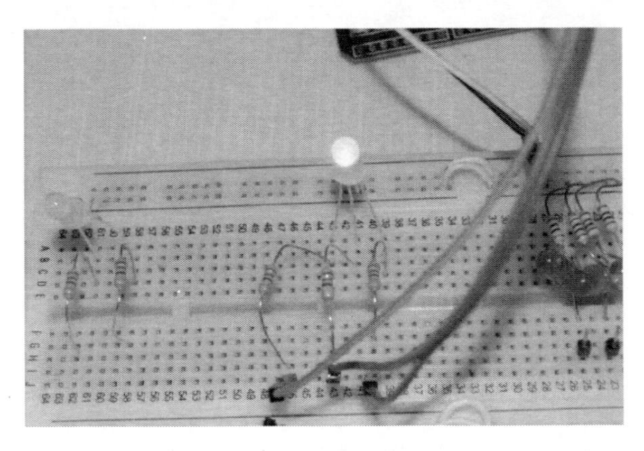

圖 14 控制控制全彩發光二極體測試程式結果畫面

章節小結

本章主要介紹之 Arduino Nano 開發板使用與連接全彩發光二極體，透過本章節的解說，相信讀者會對連接、使用全彩發光二極體，並控制不同顏色明滅，有更深入的了解與體認。

CHAPTER

全彩 LED 燈泡混色原理

上章節介紹控制全彩發光二極體，使用數位輸出方式來控制全彩發光二極體，可以說是兩階段輸出，要就全亮，要就全滅，其實一般說來，發光二極體可以控制其亮度，透過亮度控制，可以達到該顏色深淺，透過 RGB(紅色、綠色、藍色)的各種顏色色階的混色原理，可以造出許多顏色，透過人類眼睛視覺，可以感覺各種顏色產生。

讀者可以在市面上，非常容易取得全彩發光二極體，價格、顏色應有盡有，可於一般電子材料行、電器行或網際網路上的網路商城、雅虎拍賣(https://tw.bid.yahoo.com/)、露天拍賣(http://www.ruten.com.tw/)、PChome 線上購物(http://shopping.pchome.com.tw/)、PCHOME 商店街(http://www.pcstore.com.tw/)...等等，購買到全彩發光二極體。

本章節要介紹讀者，透過 Arduino IDE 的序列埠監控視窗(曹永忠, 吳佳駿, et al., 2016a, 2016b, 2016c, 2016d, 2017a, 2017b, 2017c; 曹永忠, 許智誠, & 蔡英德, 2015c, 2015d; 曹永忠 et al., 2015f; 曹永忠, 許智誠, & 蔡英德, 2015g, 2015h, 2015i, 2015j; 曹永忠 et al., 2015l; 曹永忠, 許智誠, et al., 2016a, 2016b; 曹永忠, 郭晉魁, et al., 2017)，透過序列埠輸入，將 RGB(紅色、綠色、藍色)三個顏色的代碼輸入，透過解碼來還原 RGB(紅色、綠色、藍色)三個顏色值，進而填入全彩發光二極體的發光顏色電壓，來控制顏色。

全彩二極體

如下圖所示，我們可以購買您喜歡的全彩發光二極體，來當作這次的實驗。

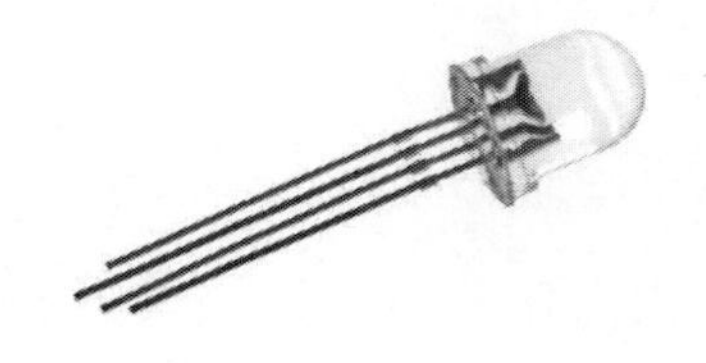

圖 15 全彩發光二極體

如下圖所示，一般全彩發光二極體有兩種，一種是共陽極，另一種是共陰極(一般俗稱共地)，只要將下圖(+)接在+5V 或下圖(-)接在 GND，用其他 R、G、B 三隻腳位分別控制紅色、綠色、藍色三種顏色的明滅，就可以產生彩色的顏色效果。

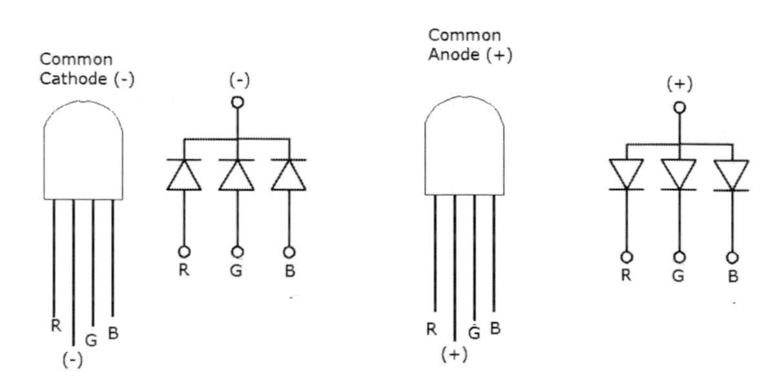

圖 16 全彩發光二極體腳位

混色控制全彩發光二極體發光

如下圖所示，這個實驗我們需要用到的實驗硬體有下圖.(a)的 Arduino Nano、下圖.(b) Mini USB 下載線、下圖.(c) 全彩發光二極體、下圖.(d) 220 歐姆電阻、下圖.(e).LCD1602 液晶顯示器：

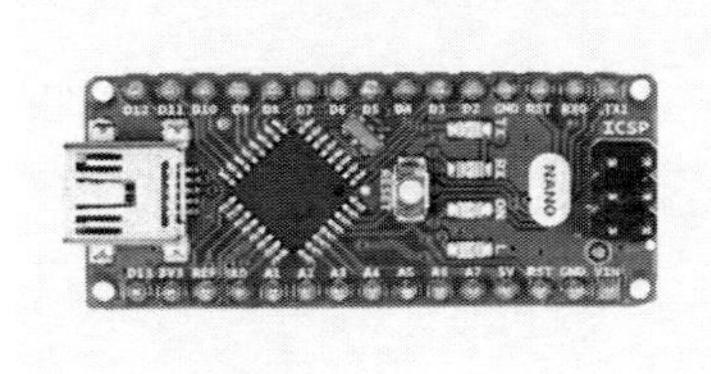

(a). Arduino Nano

(b). Mini USB 下載線

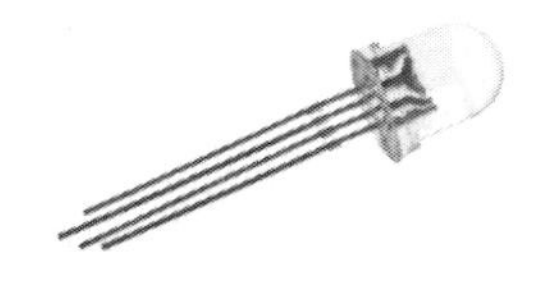

(c). 全彩發光二極體

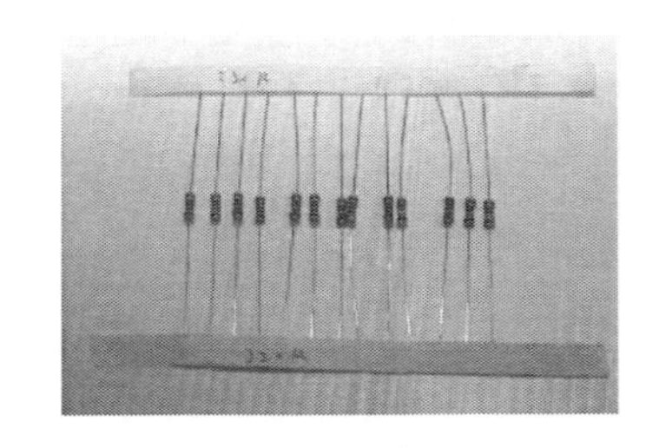

(d).220歐姆電阻

(e).LCD1602液晶顯示器(I2C)

圖 17 控制全彩發光二極體所需材料表

讀者可以參考下圖所示之控制全彩發光二極體連接電路圖，進行電路組立。

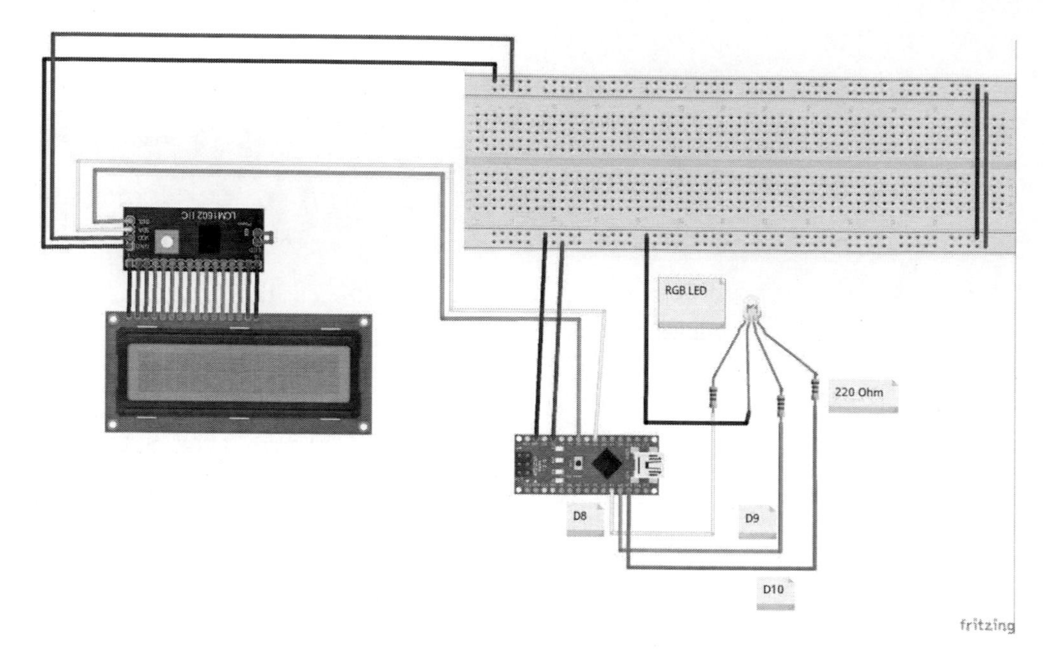

圖 18 控制全彩發光二極體連接電路圖

讀者也可以參考下表之控制全彩發光二極體接腳表，進行電路組立。

表 7 控制全彩發光二極體接腳表

接腳	接腳說明	開發板接腳
1	麵包板 Vcc(紅線)	接電源正極(5V)
2	麵包板 GND(藍線)	接電源負極
3	220 歐姆電阻 A 端(1 號)	開發板 digitalPin 8(D8)
3A	220 歐姆電阻 A 端(2 號)	開發板 digitalPin 9(D9)
3B	220 歐姆電阻 A 端(3 號)	開發板 digitalPin 10(D10)
4	220 歐姆電阻 B 端(1/2/3 號)	Led 燈泡(正極端)
5	Led 燈泡(R 端:紅色)	220 歐姆電阻 B 端(1 號)
5	Led 燈泡 G 端:綠色)	220 歐姆電阻 B 端(2 號)

接腳	接腳說明	開發板接腳
5	Led 燈泡(B 端:藍色)	220 歐姆電阻 B 端(3 號)
6	Led 燈泡(負極端)	麵包板 GND(藍線)

接腳	接腳說明	接腳名稱
1	Ground (0V)	接電源正極(5V)
2	Supply voltage; 5V (4.7V － 5.3V)	接電源負極
3	SDA	開發板 SDA Pin(A4)
4	SCL	開發板 SCL Pin(A5)

我們遵照前幾章所述，將 Arduino Nano 開發板的驅動程式安裝好之後，我們打開 Arduino Nano 開發板的開發工具：Sketch IDE 整合開發軟體(軟體下載請到：https://www.arduino.cc/en/Main/Software)，攥寫一段程式，如下表所示之控制全彩發光二極體測試程式，控制全彩發光二極體紅色、綠色、藍色明滅測試。(曹永忠, 吳佳駿, et al., 2016a, 2016b, 2016c, 2016d, 2017a, 2017b, 2017c; 曹永忠 et al., 2015f, 2015l; 曹永忠, 許智誠, et al., 2016a, 2016b; 曹永忠, 郭晉魁, et al., 2017)

表 8 混色控制全彩發光二極體測試程式

混色控制全彩發光二極體測試程式(Nano_ControlRGBLed)
#include <String.h>

```
#define Led_Red_Pin 8    //Red Light of RGB Led
#define Led_Green_Pin 9      //Green Light of RGB Led
#define Led_Blue_Pin 10      //Blue Light of RGB Led
byte RedValue = 0, GreenValue = 0, BlueValue = 0;
String ReadStr = "            " ;
void setup() {
  // put your setup code here, to run once:
  pinMode(Led_Red_Pin, OUTPUT) ;
  pinMode(Led_Green_Pin, OUTPUT) ;
  pinMode(Led_Blue_Pin, OUTPUT) ;
  analogWrite(Led_Red_Pin,0) ;
  analogWrite(Led_Green_Pin,0) ;
  analogWrite(Led_Blue_Pin,0) ;

  Serial.begin(9600) ;
  Serial.println("Program Start Here") ;
}

void loop() {
  // put your main code here, to run repeatedly:
  if (Serial.available() >0)
  {
    ReadStr = Serial.readStringUntil(0x23) ;
     //   Serial.read() ;
      Serial.print("ReadString is :(") ;
       Serial.print(ReadStr) ;
       Serial.print(")\n") ;
        if (DecodeString(ReadStr,&RedValue,&GreenValue,&BlueValue) )
            {
             Serial.println("Change RGB Led Color") ;
             analogWrite(Led_Red_Pin , RedValue)    ;
             analogWrite(Led_Green_Pin , GreenValue)    ;
             analogWrite(Led_Blue_Pin , BlueValue)    ;
            }
  }


}
```

```
boolean DecodeString(String INPStr, byte *r, byte *g , byte *b)
{
                    Serial.print("check sgtring:(") ;
                    Serial.print(INPStr) ;
                         Serial.print(")\n") ;


      int i = 0 ;
      int strsize = INPStr.length();
      for(i = 0 ; i <strsize ;i++)
          {
                    Serial.print(i) ;
                    Serial.print(":(") ;
                         Serial.print(INPStr.substring(i,i+1)) ;
                    Serial.print(")\n") ;

              if (INPStr.substring(i,i+1) == "@")
                  {
                    Serial.print("find @ at :(") ;
                    Serial.print(i) ;
                         Serial.print("/") ;
                              Serial.print(strsize-i-1) ;
                         Serial.print("/") ;
                              Seri-al.print(INPStr.substring(i+1,strsize)) ;
                    Serial.print(")\n") ;
                      *r = byte(INPStr.substring(i+1,i+1+3).toInt()) ;
                      *g = byte(INPStr.substring(i+1+3,i+1+3+3).toInt() ) ;
                      *b = byte(INPStr.substring(i+1+3+3,i+1+3+3+3).toInt() ) ;
                       Serial.print("convert into :(") ;
                        Serial.print(*r) ;
                         Serial.print("/") ;
                        Serial.print(*g) ;
                         Serial.print("/") ;
                        Serial.print(*b) ;
                         Serial.print(")\n") ;

                      return true ;
                  }
```

```
        }
    return false ;

}
```

程式下載：https://github.com/brucetsao/eHUE_Bulb2

如下圖所示，我們可以看到混色控制全彩發光二極體測試程式結果畫面。

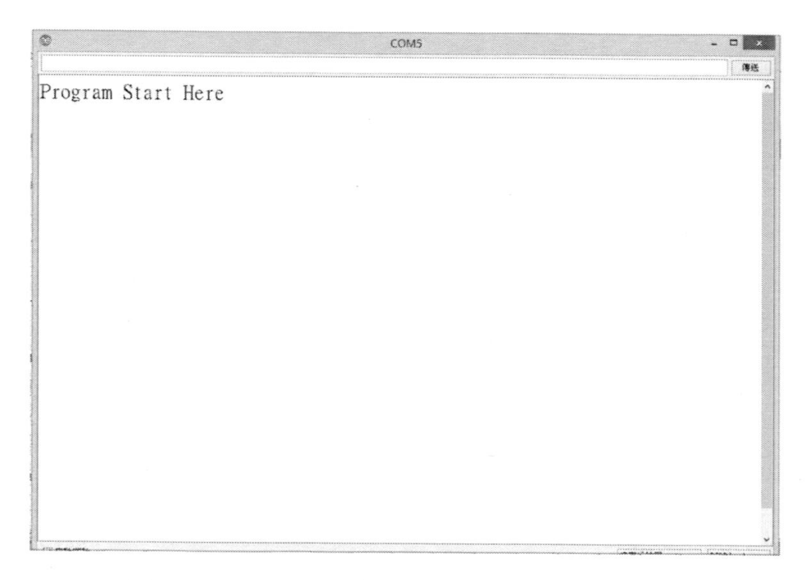

圖 19 混色控制控制全彩發光二極體測試程式開始畫面

由於透過序列埠輸入，將 RGB(紅色、綠色、藍色)三個顏色的代碼輸入，透過解碼來還原 RGB(紅色、綠色、藍色)三個顏色值，進而填入全彩發光二極體的發光顏色電壓，來控制顏色。

所以我們使用了『@』這個指令，來當作所有的資料開頭，接下來就是第一個紅色燈光的值，其紅色燈光的值使用『000』~『255』來當作紅色顏色的顏色值，『000』代表紅色燈光全滅，『255』代表紅色燈光全亮，中間的值則為線性明暗之間為主。

接下來就是第二個綠色燈光的值，其綠色燈光的值使用『000』~『255』來當作綠色顏色的顏色值，『000』代表綠色燈光全滅，『255』代表綠色燈光全亮，中間的值則為線性明暗之間為主。

最後一個藍色燈光的值，其藍色燈光的值使用『000』~『255』來當作藍色顏色的顏色值，『000』代表藍色燈光全滅，『255』代表藍色燈光全亮，中間的值則為線性明暗之間為主。

在所有顏色資料傳送完畢之後，所以我們使用了『#』這個指令，來當作所有的資料的結束，如下圖所示，我們輸入

```
@255000000#
```

如下圖所示，程式就會進行解譯為：R=255，G=000，B=000：

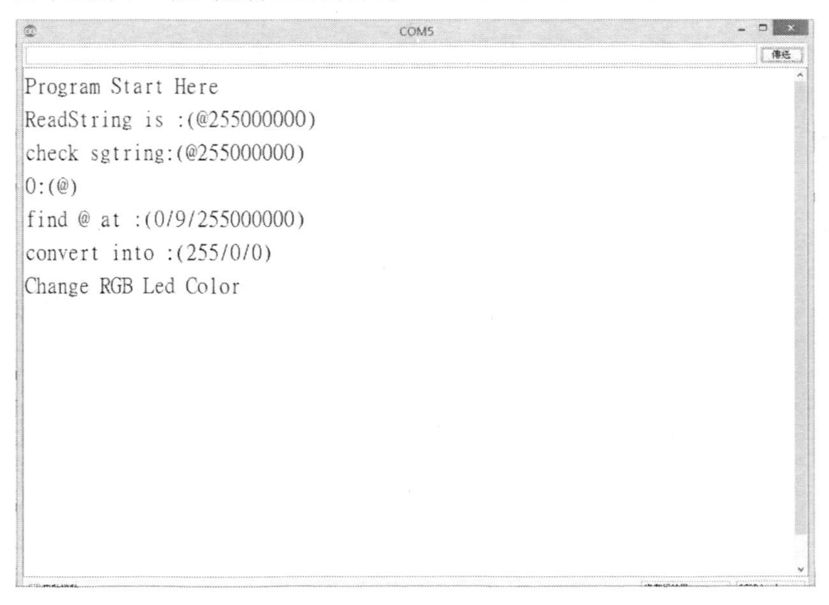

圖 20 @255000000#結果畫面

如下圖所示，我們可以看到混色控制全彩發光二極體測試程式結果畫面。

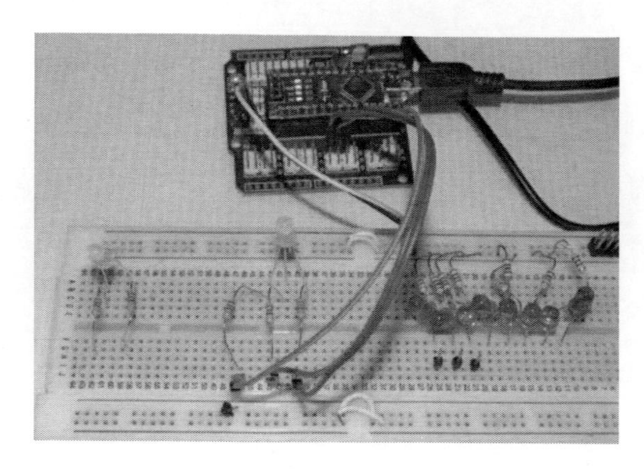

圖 21 @255000000#燈泡顯示

第二次測試

如下圖所示，我們輸入

```
@000255000#
```

如下圖所示，程式就會進行解譯為：R=000，G=255，B=000：

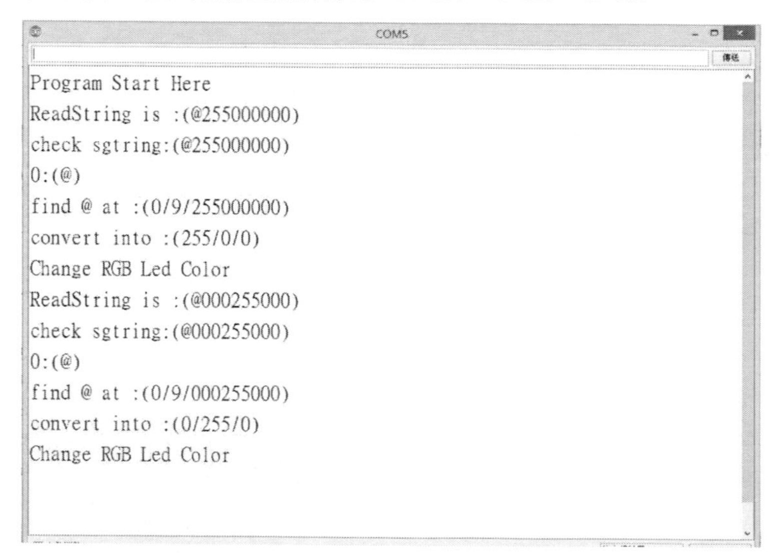

圖 22 @000255000#結果畫面

如下圖所示，我們可以看到混色控制全彩發光二極體測試程式結果畫面。

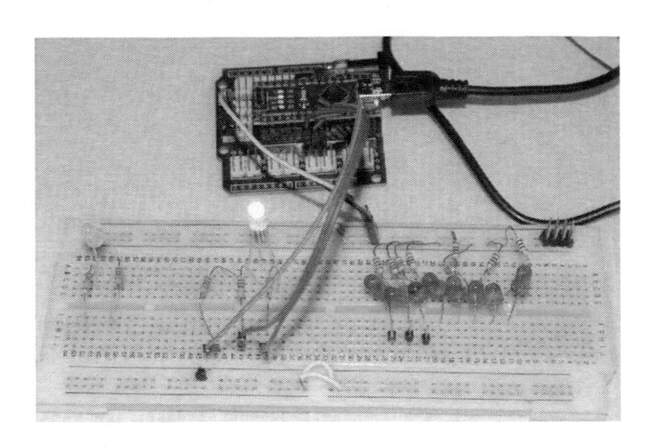

圖 23 @000255000#燈泡顯示

第三次測試

如下圖所示，我們輸入

```
@000000255#
```

如下圖所示，程式就會進行解譯為：R=000，G=000，B=255：

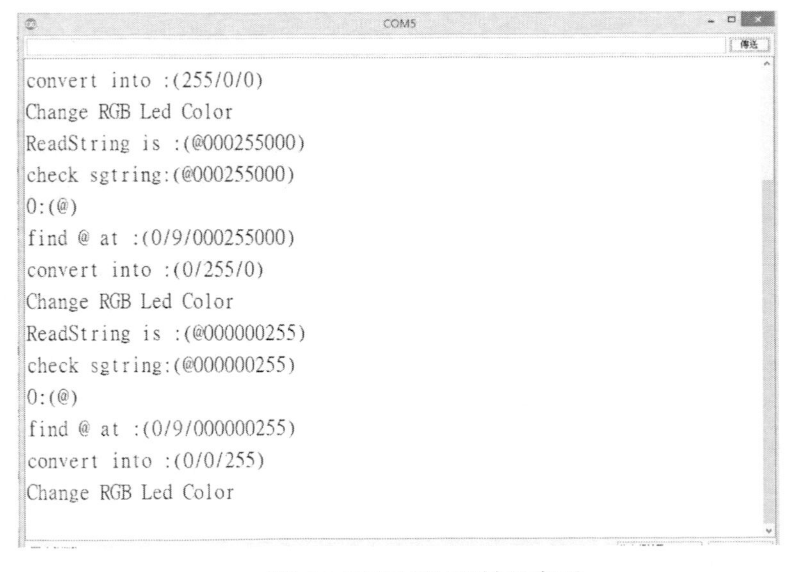

圖 24 @000000255#結果畫面

如下圖所示，我們可以看到混色控制全彩發光二極體測試程式結果畫面。

圖 25 @000000255#燈泡顯示

第四次測試(錯誤值)

如下圖所示，我們輸入

```
128128000#
```

如下圖所示，我們希望程式就會進行解譯為：R=128，G=128，B=000：

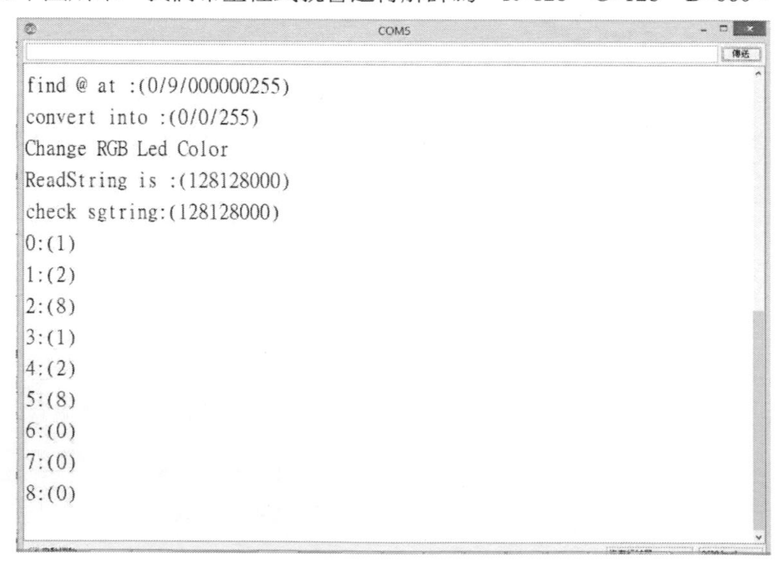

圖 26 128128000#結果畫面

但是在上圖所示，我們可以看到缺乏使用了『@』這個指令來當作所有的資料開頭值，所以無法判別那個值，而無法解譯成功，該 DecodeString(String INPStr, byte *r, byte *g , byte *b)傳回 FALSE，而不進行改變顏色。

第五次測試

如下圖所示，我們輸入

```
@128128000#
```

如下圖所示，程式就會進行解譯為：R=128，G=128，B=000：

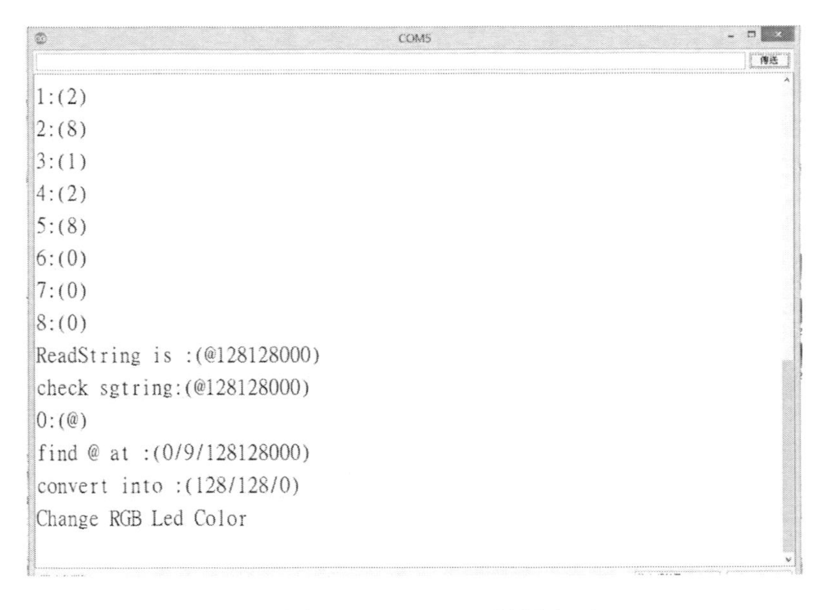

圖 27 @128128000#結果畫面

如下圖所示，我們可以看到混色控制全彩發光二極體測試程式結果畫面。

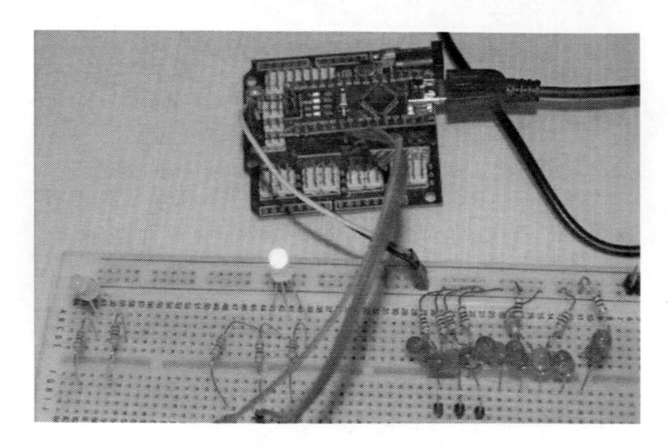

圖 28 @128128000#燈泡顯示

第六次測試

如下圖所示，我們輸入

```
@128000128#
```

如下圖所示，程式就會進行解譯為：R=128，G=000，B=128：

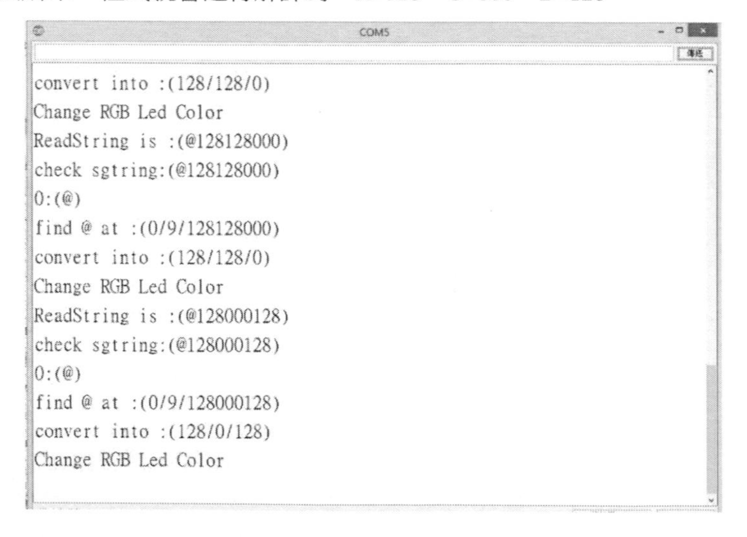

圖 29 @128000128#結果畫面

如下圖所示，我們可以看到混色控制全彩發光二極體測試程式結果畫面。

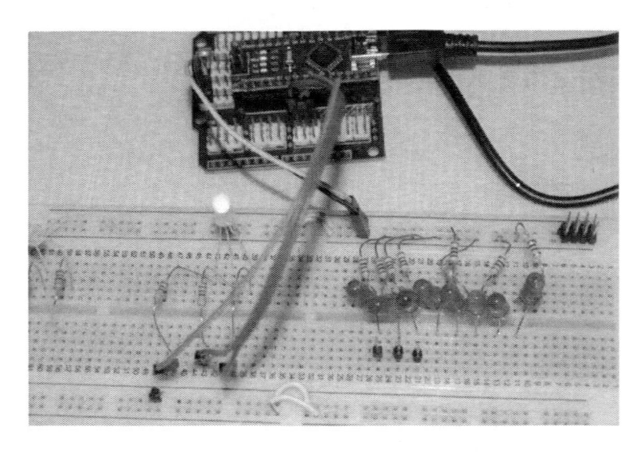

圖 30 @128000128#燈泡顯示

第七次測試

如下圖所示，我們輸入

```
@000255255#
```

如下圖所示，程式就會進行解譯為：R=000，G=255，B=255：

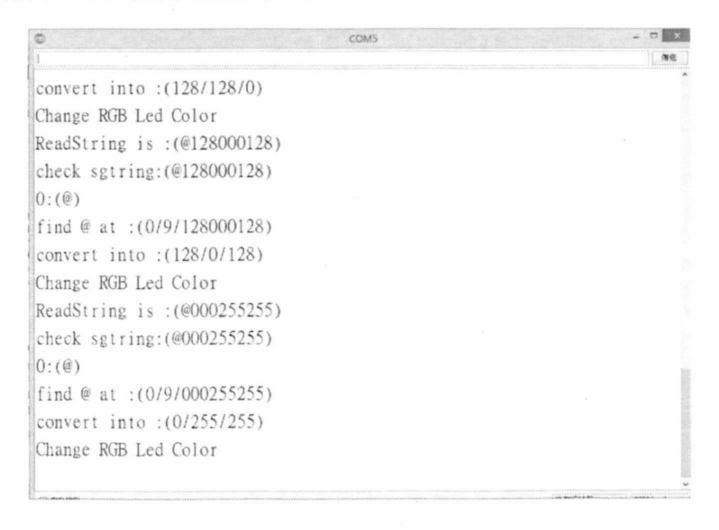

圖 31 @000255255#結果畫面

如下圖所示，我們可以看到混色控制全彩發光二極體測試程式結果畫面。

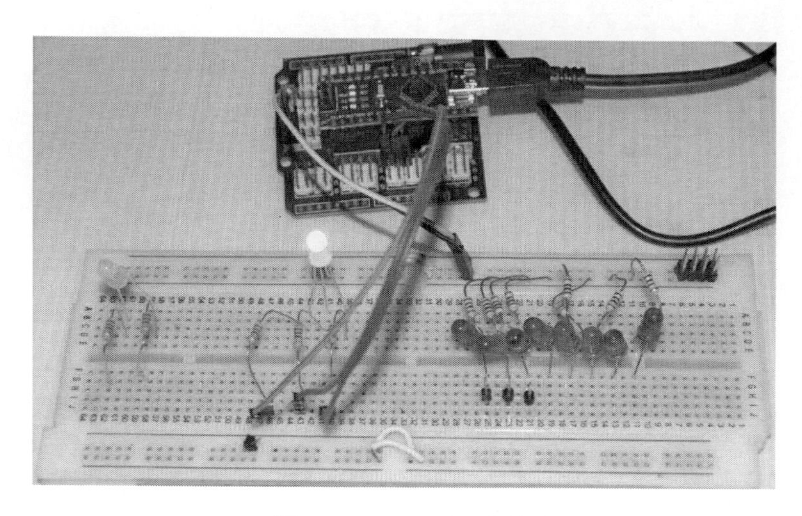

圖 32 @000255255#燈泡顯示

章節小結

本章主要介紹之 Arduino Nano 開發板使用與連接全彩發光二極體，透過外部輸入 RGB 三原色代碼，來控制 RGB 三原色混色，產生想要的顏色，透過本章節的解說，相信讀者會對連接、使用全彩發光二極體，並透過外部輸入 RGB 三原色代碼，來控制 RGB 三原色混色，產生想要的顏色，有更深入的了解與體認。

5
CHAPTER

控制 WS2812 燈泡模組

WS2812B 全彩燈泡模組是一個整合控制電路與發光電路于一體的智慧控制 LED 光源。其外型與一個 5050LED 燈泡相同，每一個元件即為一個圖像點，部包含了智慧型介面資料鎖存信號整形放大驅動電路，還包含有高精度的內部振盪器和高達 12V 高壓可程式設計定電流控制部分，有效保證了圖像點光的顏色高度一致。

資料協定採用單線串列的通訊方式，圖像點在通電重置以後，DIN 端接受從微處理機傳輸過來的資料，首先送過來的 24bit 資料被第一個圖像點提取後，送到圖像點內部的資料鎖存器，剩餘的資料經過內部整形處理電路整形放大後通過 DO 埠開始轉發輸出給下一個串聯的圖像點，每經過一個圖像點的傳輸，信號減少 24bit 的資料。圖像點採用自動整形轉發技術，使得該圖像點的級聯個數不受信號傳送的限制，僅僅受限信號傳輸速率要求。

其 LED 具有低電壓驅動，環保節能，亮度高，散射角度大，一致性好，超低功率，超長壽命等優點。將控制電路整合於 LED 上面，電路變得更加簡單，體積小，安裝更加簡便。

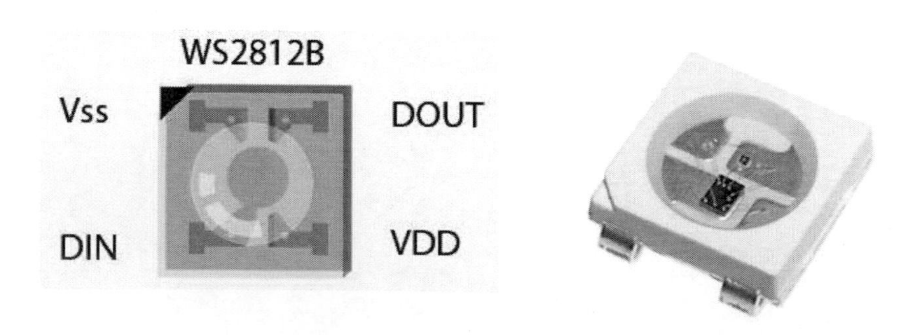

圖 33 WS2812B 全彩燈泡模組

WS2812B 全彩燈泡模組特點

- 智慧型反接保護，電源反接不會損壞 IC。
- IC 控制電路與 LED 點光源共用一個電源。
- 控制電路與 RGB 晶片整合在一個 5050 封裝的元件中，構成一個完整的外控圖像點。
- 內部具有信號整形電路，任何一個圖像點收到信號後經過波形整形再輸出，保證線路波形的變形不會累加。
- 內部具有通電重置和掉電重置電路。
- 每個圖像點的三原色顏色具有 256 階層亮度顯示，可達到 16777216 種顏色的全彩顯示，掃描頻率不低於 400Hz/s。
- 串列介面，能通過一條訊號線完成資料的接收與解碼。
- 任意兩點傳傳輸距離在不超過 5 米時無需增加任何電路。
- 當更新速率 30 幅/秒時，可串聯數不小於 1024 個。
- 資料發送速度可達 800Kbps。
- 光的顏色高度一致，C/P 值高。

主要應用領域

- LED 全彩發光字燈串,LED 全彩模組， LED 全彩軟燈條硬燈條,LED 護欄管
- LED 點光源,LED 圖元屏,LED 異形屏，各種電子產品，電器設備跑馬燈。

串列傳輸

串列埠資料會轉換成連續的資料位元，然後依序由通訊埠送出，接收端收集這些資料後再合成為原來的位元組；串列傳輸大多為非同步，故收發雙方的傳輸速率

需協定好，一般為 9600、14400、57600bps（bits per second）等。

串列資料傳輸裡，有單工及雙工之分，單工就是一條線只能有 一種用途，例如輸出線就只能將資料傳出、輸入線就只能將資料傳入。 而雙工就是在同一條線上，可傳入資料，也可傳出資料。WS2812B 全彩燈泡模組 屬於單工的串列傳輸，如下圖所示，由單一方向進入，再由輸入轉至下一顆。

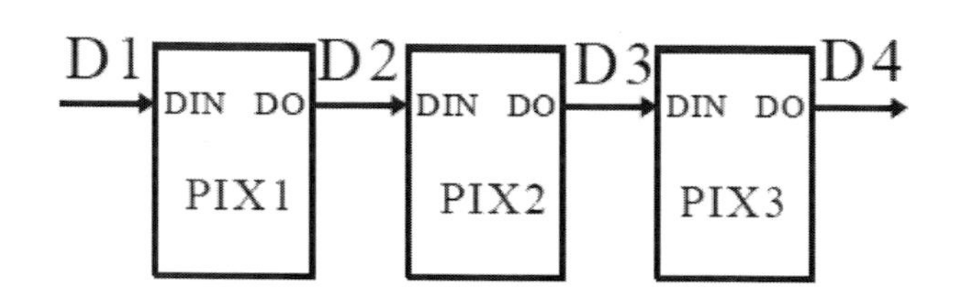

圖 34 串列傳輸_連接方法

WS2812B 全彩燈泡模組

如下圖所示，我們可以購買您喜歡的 WS2812B 全彩燈泡模組，來當作這次的實驗。

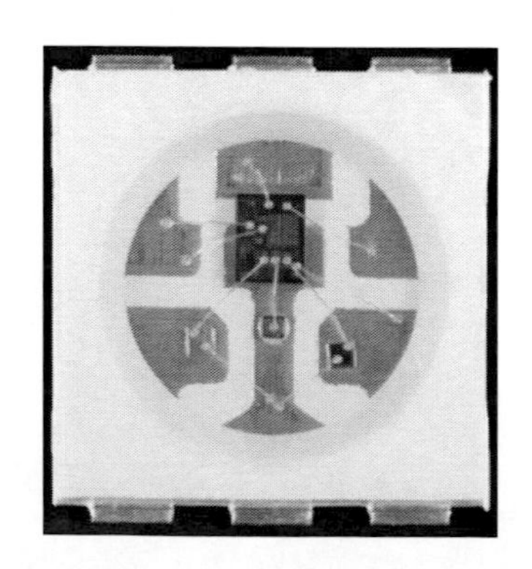

圖 35 WS2812B 全彩燈泡模組

如下圖所示，WS2812B 全彩燈泡模組只需要三條線就可以驅動，其中兩條是電源，只要將下圖(5V)接在+5V 與下圖(GND)接在 GND，微處理機只要將控制訊號接在下圖之 Data In(DI)，就可以開始控制了。

圖 36 WS2812B 全彩燈泡模組腳位

表 9 WS2812B 全彩燈泡模組腳位表

序號	符號	管腳名	功能描述
1	VDD	電源	供電管腳
2	DOUT	資料輸出	控制資料信號輸出
3	VSS	接地	信號接地和電源接地
4	DIN	資料登錄	控制資料信號輸入

如上圖所示，如果您需要多顆的 WS2812B 全彩燈泡模組共用，您不需要每一顆 WS2812B 全彩燈泡模組都連接到微處理機，只需要四條線就可以驅動，其中兩條是電源，只要將下圖(5V)接在+5V 與下圖(GND)接在 GND，微處理機只要將控制訊號接在下圖之 Data In(DI)，第一顆的之 Data Out(DO)連到第二顆的 WS2812B 全彩燈泡模組的 Data In(DI)，就可以開始使用串列控制了。

如下圖所示，此時每一顆 WS2812B 全彩燈泡的電源，採用並列方式，所有的 5V 腳位接在+5V，GND 腳位接在 GND，所有控制訊號，第一顆 WS2812B 全彩燈的 Data In(DI)接在微處理機的控制訊號腳位，而第一顆的 Data Out(DO)連到第二顆的

WS2812B 全彩燈泡模組的 Data In(DI)，第二顆的 Data Out(DO)連到第三顆的 WS2812B 全彩燈泡模組的 Data In(DI)，以此類推就可以了。

圖 37 WS2812B 全彩燈泡模組串聯示意圖

控制 WS2812B 全彩燈泡模組

如下圖所示，這個實驗我們需要用到的實驗硬體有下圖.(a)的 Arduino Nano、下圖.(b) Mini USB 下載線、下圖.(c) WS2812B 全彩燈泡模組：

(a). Arduino Nano

(b). Mini USB 下載線

(c). WS2812B全彩燈泡模組

圖 38 控制 WS2812B 全彩燈泡模組所需材料表

讀者可以參考下圖所示之控制 WS2812B 全彩燈泡模組連接電路圖，進行電路組立。

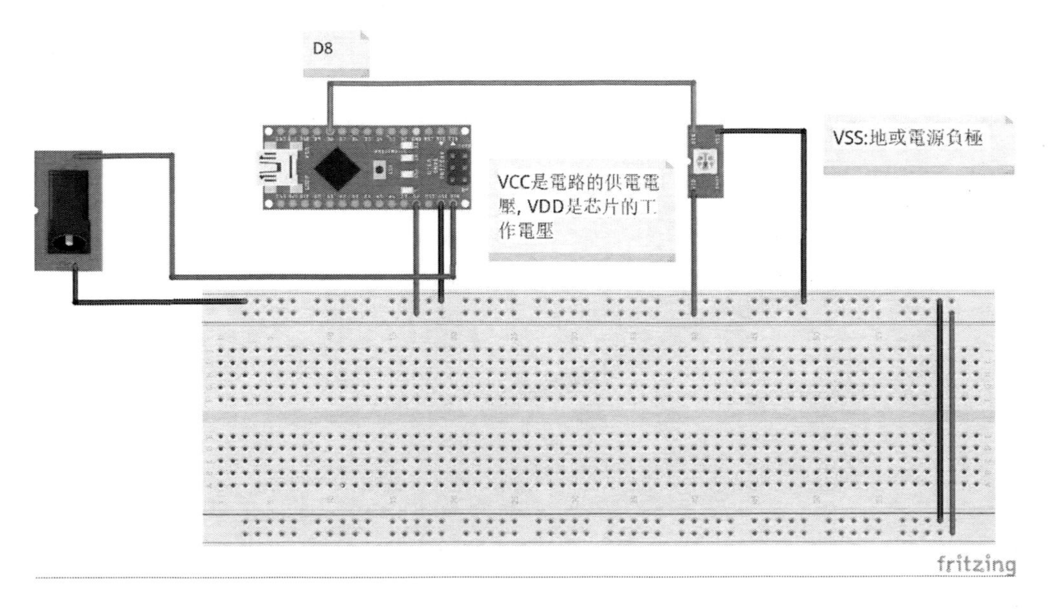

圖 39 控制 WS2812B 全彩燈泡模組連接電路圖

讀者也可以參考下表之 WS2812B 全彩燈泡模組接腳表，進行電路組立。

表 10 控制 WS2812B 全彩燈泡模組接腳表

接腳	接腳說明	開發板接腳
1	麵包板 Vcc(紅線)	接電源正極(5V)
2	麵包板 GND(藍線)	接電源負極
3 	Data In(DI)	開發板 digitalPin 8(D8)

我們遵照前幾章所述，將 Arduino Nano 開發板的驅動程式安裝好之後，我們打開 Arduino Nano 開發板的開發工具：Sketch IDE 整合開發軟體(軟體下載請到：https://www.arduino.cc/en/Main/Software)，攥寫一段程式，如下表所示之 WS2812B 全

彩燈泡模組測試程式，控制 WS2812B 全彩燈泡模組紅色、綠色、藍色明滅測試。(曹永忠, 吳佳駿, et al., 2016a, 2016b, 2016c, 2016d, 2017a, 2017b, 2017c; 曹永忠 et al., 2015f, 2015l; 曹永忠, 許智誠, et al., 2016a, 2016b; 曹永忠, 郭晉魁, et al., 2017)

表 11 WS2812B 全彩燈泡模組測試程式

WS2812B 全彩燈泡模組測試程式(WSRGBLedTest)

```
#include "Pinset.h"
// NeoPixel Ring simple sketch (c) 2013 Shae Erisson
// released under the GPLv3 license to match the rest of the AdaFruit NeoPixel library
#include <Adafruit_NeoPixel.h>

// Which pin on the Arduino is connected to the NeoPixels?



// How many NeoPixels are attached to the Arduino?

#include <String.h>
Adafruit_NeoPixel pixels = Adafruit_NeoPixel(NUMPIXELS, WSPIN, NEO_GRB +
NEO_KHZ800);

byte RedValue = 0, GreenValue = 0, BlueValue = 0;
String ReadStr = "            " ;

void setup() {
  // put your setup code here, to run once:

     randomSeed(millis());
  Serial.begin(9600) ;
  Serial.println("Program Start Here") ;
  pixels.begin(); // This initializes the NeoPixel library.
     ChangeBulbColor(RedValue,GreenValue,BlueValue) ;
}

int delayval = 500; // delay for half a second

void loop() {
```

```
    // put your main code here, to run repeatedly:
        RedValue = (byte)random(0,255) ;
        GreenValue = (byte)random(0,255) ;
        BlueValue = (byte)random(0,255) ;
        ChangeBulbColor(RedValue,GreenValue,BlueValue) ;
    delay(1000) ;
}

void ChangeBulbColor(int r,int g,int b)
{
        // For a set of NeoPixels the first NeoPixel is 0, second is 1, all the way up to the count of pixels minus one.
    for(int i=0;i<NUMPIXELS;i++)
    {
            // pixels.Color takes RGB values, from 0,0,0 up to 255,255,255
            pixels.setPixelColor(i, pixels.Color(r,g,b)); // Moderately bright green color.
            pixels.show(); // This sends the updated pixel color to the hardware.
          // delay(delayval); // Delay for a period of time (in milliseconds).
    }
}
```

程式下載：https://github.com/brucetsao/eHUE_Bulb2

表 12 WS2812B 全彩燈泡模組測試程式(Pinset.h)

WS2812B 全彩燈泡模組測試程式(Pinset.h)
#define WSPIN 8 #define NUMPIXELS 1

程式下載：https://github.com/brucetsao/eHUE_Bulb2

如下圖所示，我們可以看到 WS2812B 全彩燈泡模組測試程式結果畫面。

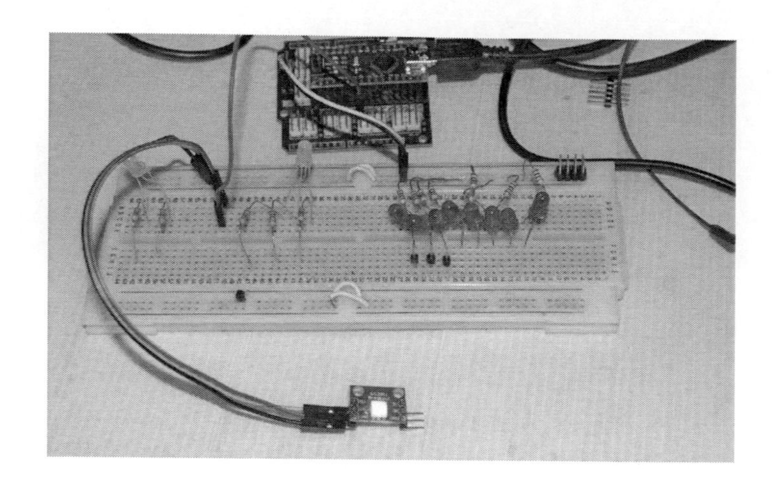

圖 40　WS2812B 全彩燈泡模組測試程式程式結果畫面

混色控制 WS2812B 全彩燈泡模組

如下圖所示，這個實驗我們需要用到的實驗硬體有下圖.(a)的 Arduino Nano、下圖.(b) Mini USB 下載線、下圖.(c) WS2812B 全彩燈泡模組：

(a). Arduino Nano

(b). Mini USB 下載線

(c). WS2812B全彩燈泡模組

圖 41 控制 WS2812B 全彩燈泡模組所需材料表

讀者可以參考下圖所示之控制 WS2812B 全彩燈泡模組連接電路圖，進行電路組立。

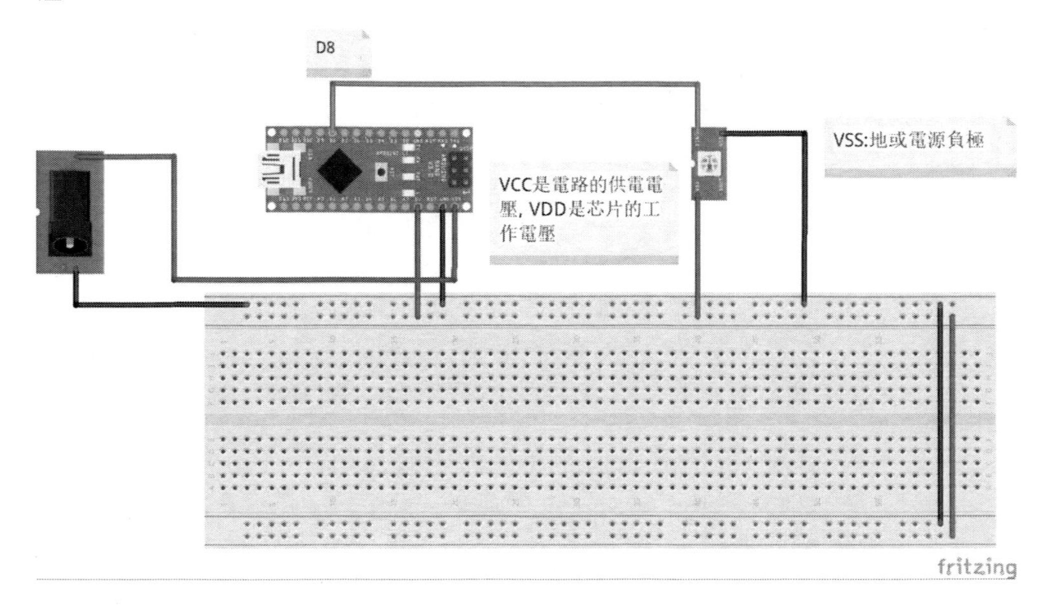

圖 42 控制 WS2812B 全彩燈泡模組連接電路圖

讀者也可以參考下表之 WS2812B 全彩燈泡模組接腳表，進行電路組立。

表 13 控制 WS2812B 全彩燈泡模組接腳表

接腳	接腳說明	開發板接腳
1	麵包板 Vcc(紅線)	接電源正極(5V)
2	麵包板 GND(藍線)	接電源負極
3	Data In(DI)	開發板 digitalPin 8(D8)

我們遵照前幾章所述，將 Arduino Nano 開發板的驅動程式安裝好之後，我們打

開 Arduino Nano 開發板的開發工具：Sketch IDE 整合開發軟體(軟體下載請到：https://www.arduino.cc/en/Main/Software)，攥寫一段程式，如下表所示之透過通訊埠控制 WS2812B 全彩燈泡程式。

我們可以透過串列埠來傳輸控制命令，進行控制 WS2812B 全彩燈泡模組發出紅色、綠色、藍色明滅測試。(曹永忠, 吳佳駿, et al., 2016a, 2016b, 2016c, 2016d, 2017a, 2017b, 2017c; 曹永忠 et al., 2015f, 2015l; 曹永忠, 許智誠, et al., 2016a, 2016b; 曹永忠, 郭晉魁, et al., 2017)

表 14 透過通訊埠控制 WS2812B 全彩燈泡程式

透過通訊埠控制 WS2812B 全彩燈泡程式(Nano_ControlWS2812B)

```
#include "Pinset.h"
// NeoPixel Ring simple sketch (c) 2013 Shae Erisson
// released under the GPLv3 license to match the rest of the AdaFruit NeoPixel library
#include <Adafruit_NeoPixel.h>

// Which pin on the Arduino is connected to the NeoPixels?



// How many NeoPixels are attached to the Arduino?

#include <String.h>
Adafruit_NeoPixel pixels = Adafruit_NeoPixel(NUMPIXELS, WSPIN, NEO_GRB +
NEO_KHZ800);

byte RedValue = 0, GreenValue = 0, BlueValue = 0;
String ReadStr = "          " ;

void setup() {
  // put your setup code here, to run once:

    randomSeed(millis());
  Serial.begin(9600) ;
  Serial.println("Program Start Here") ;
  pixels.begin(); // This initializes the NeoPixel library.
    ChangeBulbColor(RedValue,GreenValue,BlueValue) ;
```

```
}

int delayval = 500; // delay for half a second

void loop() {
  // put your main code here, to run repeatedly:
  if (Serial.available() >0)
  {
     ReadStr = Serial.readStringUntil(0x23) ;        // read char @
     //   Serial.read() ;
        Serial.print("ReadString is :(") ;
         Serial.print(ReadStr) ;
         Serial.print(")\n") ;
          if (DecodeString(ReadStr,&RedValue,&GreenValue,&BlueValue) )
              {
                Serial.println("Change RGB Led Color") ;
                ChangeBulbColor(RedValue,GreenValue,BlueValue) ;
              }
  }


}

void ChangeBulbColor(int r,int g,int b)
{
        // For a set of NeoPixels the first NeoPixel is 0, second is 1, all the way up to the
count of pixels minus one.
    for(int i=0;i<NUMPIXELS;i++)
    {
          // pixels.Color takes RGB values, from 0,0,0 up to 255,255,255
          pixels.setPixelColor(i, pixels.Color(r,g,b)); // Moderately bright green color.
          pixels.show(); // This sends the updated pixel color to the hardware.
        // delay(delayval); // Delay for a period of time (in milliseconds).
    }
}

boolean DecodeString(String INPStr, byte *r, byte *g , byte *b)
{
```

```
                    Serial.print("check sgtring:(") ;
                    Serial.print(INPStr) ;
                         Serial.print(")\n") ;

    int i = 0 ;
    int strsize = INPStr.length();
    for(i = 0 ; i <strsize ;i++)
        {
                    Serial.print(i) ;
                    Serial.print(":(") ;
                         Serial.print(INPStr.substring(i,i+1)) ;
                    Serial.print(")\n") ;

            if (INPStr.substring(i,i+1) == "@")
                {
                    Serial.print("find @ at :(") ;
                    Serial.print(i) ;
                         Serial.print("/") ;
                              Serial.print(strsize-i-1) ;
                         Serial.print("/") ;
                              Serial.print(INPStr.substring(i+1,strsize)) ;
                    Serial.print(")\n") ;
                      *r = byte(INPStr.substring(i+1,i+1+3).toInt()) ;
                      *g = byte(INPStr.substring(i+1+3,i+1+3+3).toInt() ) ;
                      *b = byte(INPStr.substring(i+1+3+3,i+1+3+3+3).toInt() ) ;
                       Serial.print("convert into :(") ;
                        Serial.print(*r) ;
                         Serial.print("/") ;
                        Serial.print(*g) ;
                         Serial.print("/") ;
                        Serial.print(*b) ;
                         Serial.print(")\n") ;

                      return true ;
                }
        }
  return false ;
```

```
}
```

程式下載：https://github.com/brucetsao/eHUE_Bulb2

表 15 透過通訊埠控制 WS2812B 全彩燈泡程式(Pinset.h)

透過通訊埠控制 WS2812B 全彩燈泡程式(Pinset.h)
#define WSPIN 8 #define NUMPIXELS 1

程式下載：https://github.com/brucetsao/eHUE_Bulb2

如下圖所示，我們可以看到透過通訊埠控制 WS2812B 全彩燈泡程式開始畫面。

圖 43 透過通訊埠控制 WS2812B 全彩燈泡模組式開始畫面

由於透過序列埠輸入，將 RGB(紅色、綠色、藍色)三個顏色的代碼輸入，透過解碼來還原 RGB(紅色、綠色、藍色)三個顏色值，進而填入全彩發光二極體的發光顏色電壓，來控制顏色。

所以我們使用了『@』這個指令，來當作所有的資料開頭，接下來就是第一個紅色燈光的值，其紅色燈光的值使用『000』~『255』來當作紅色顏色的顏色值，『000』代表紅色燈光全滅，『255』代表紅色燈光全亮，中間的值則為線性明暗之間為主。

接下來就是第二個綠色燈光的值，其綠色燈光的值使用『000』~『255』來當作綠色顏色的顏色值，『000』代表綠色燈光全滅，『255』代表綠色燈光全亮，中間的值則為線性明暗之間為主。

最後一個藍色燈光的值，其藍色燈光的值使用『000』~『255』來當作藍色顏色的顏色值，『000』代表藍色燈光全滅，『255』代表藍色燈光全亮，中間的值則為線性明暗之間為主。

在所有顏色資料傳送完畢之後，所以我們使用了『#』這個指令，來當作所有的資料的結束，如下圖所示，我們輸入

```
@255000000#
```

如下圖所示，程式就會進行解譯為：R=255，G=000，B=000：

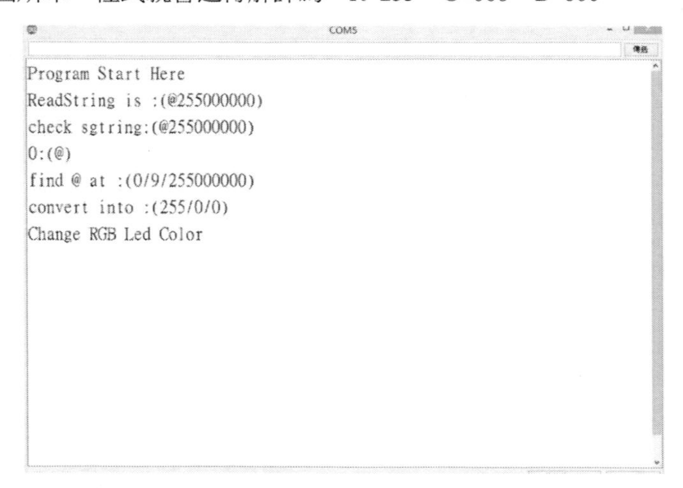

圖 44 @255000000#結果畫面

如下圖所示，我們可以看到混色控制全彩發光二極體測試程式結果畫面。

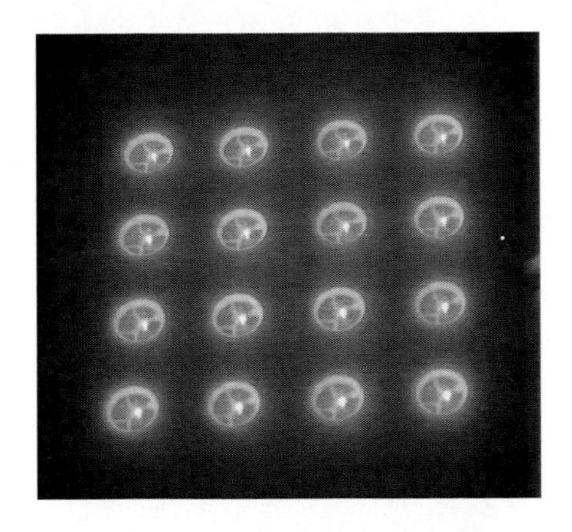

圖 45 @255000000#燈泡顯示

第二次測試

如下圖所示，我們輸入

```
@000255000#
```

如下圖所示，程式就會進行解譯為：R=000，G=255，B=000：

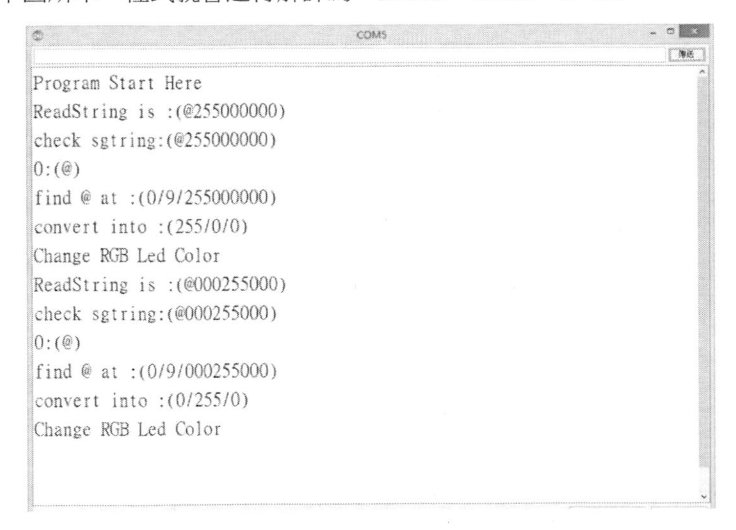

圖 46 @000255000#結果畫面

如下圖所示，我們可以看到混色控制全彩發光二極體測試程式結果畫面。

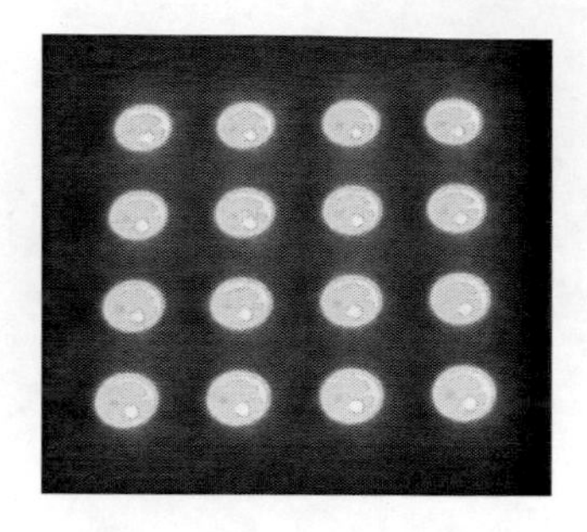

圖 47 @000255000#燈泡顯示

第三次測試

如下圖所示，我們輸入

```
@000000255#
```

如下圖所示，程式就會進行解譯為：R=000，G=000，B=255：

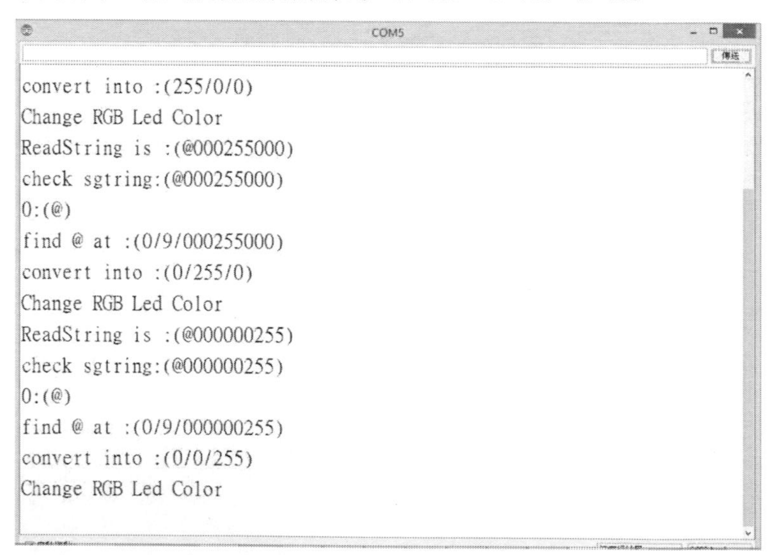

圖 48 @000000255#結果畫面

如下圖所示，我們可以看到混色控制全彩發光二極體測試程式結果畫面。

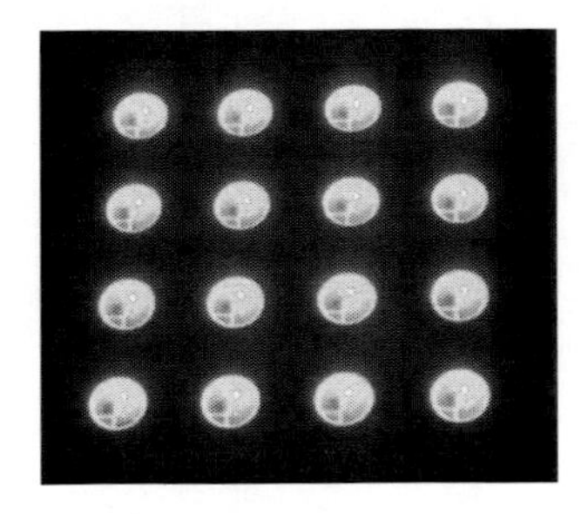

圖 49 @000000255#燈泡顯示

第四次測試(錯誤值)

如下圖所示，我們輸入

```
128128000#
```

如下圖所示，我們希望程式就會進行解譯為：R=128，G=128，B=000：

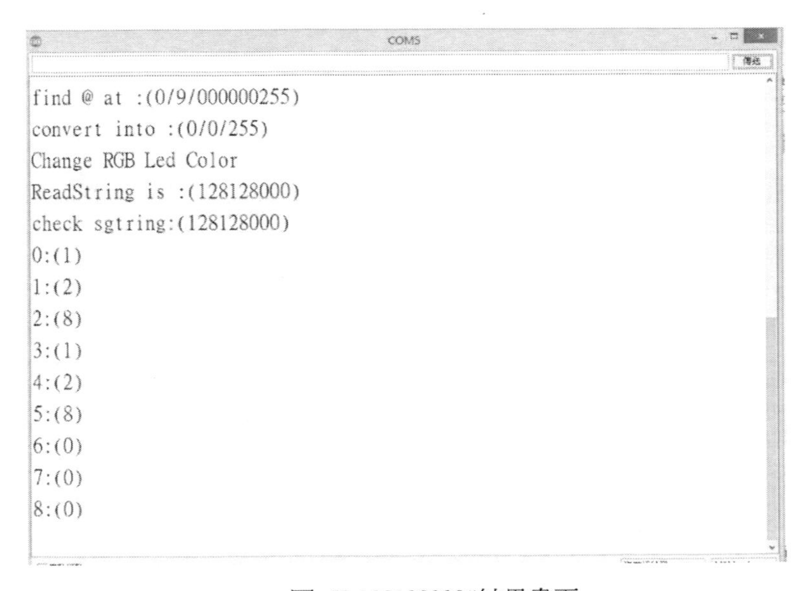

圖 50 128128000#結果畫面

但是在上圖所示，我們可以看到缺乏使用了『@』這個指令來當作所有的資料開頭值，所以無法判別那個值，而無法解譯成功，該 DecodeString(String INPStr, byte *r, byte *g , byte *b)傳回 FALSE，而不進行改變顏色。

第五次測試

如下圖所示，我們輸入

```
@128128000#
```

如下圖所示，程式就會進行解譯為：R=128，G=128，B=000：

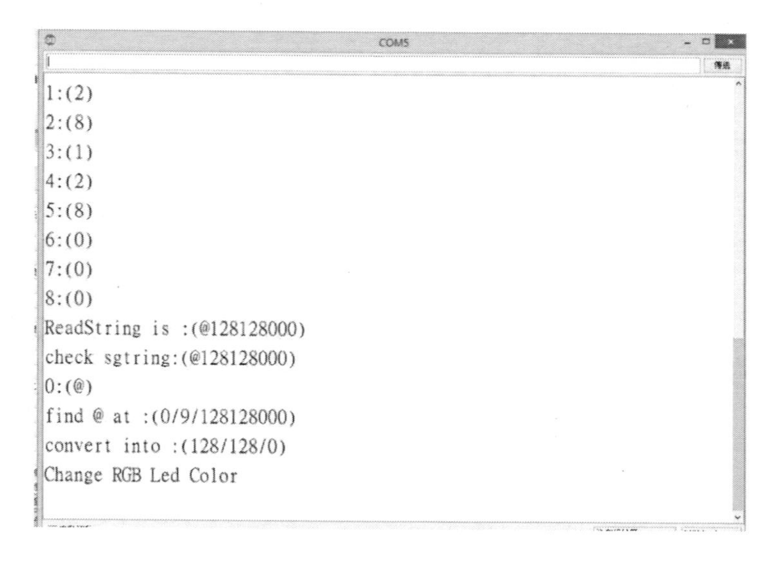

圖 51 @128128000#結果畫面

如下圖所示，我們可以看到混色控制全彩發光二極體測試程式結果畫面。

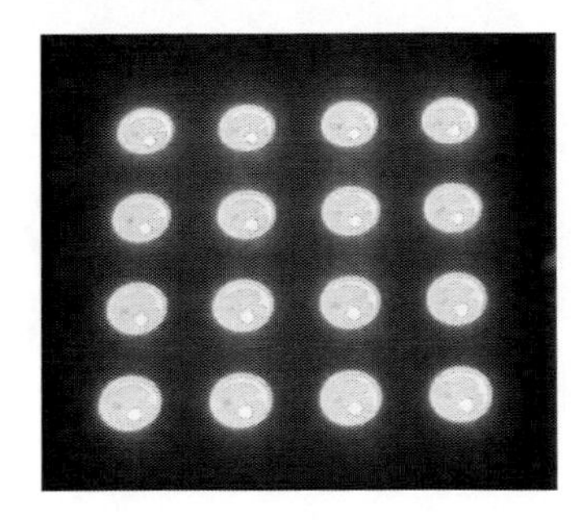

圖 52 @128128000#燈泡顯示

第六次測試

如下圖所示，我們輸入

```
@000255255#
```

如下圖所示，程式就會進行解譯為：R=000，G=255，B=255：

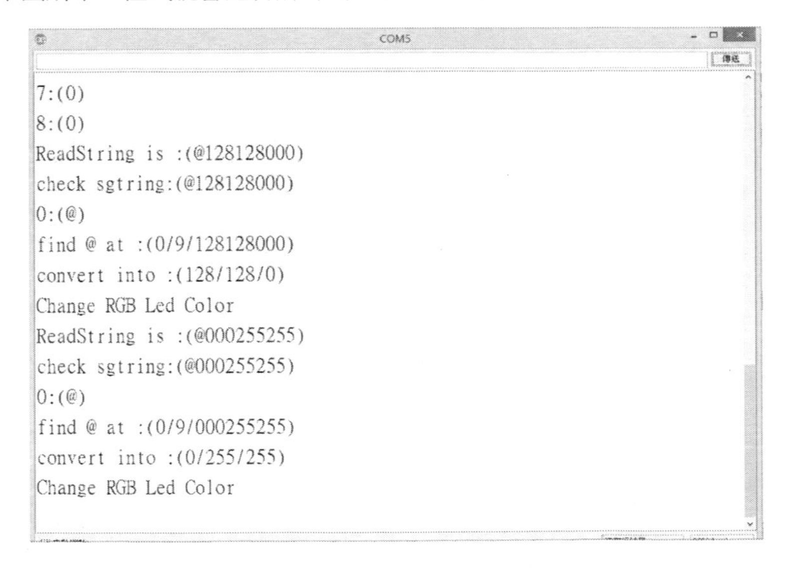

圖 53 @000255255#結果畫面

這個結果就請讀者自行測試，本文就不再這裡詳述之。

章節小結

本章主要介紹之 Arduino Nano 開發板使用與連接 WS2812B 全彩燈泡模組，透過外部輸入 RGB 三原色代碼，來控制 WS2812B 全彩燈泡模組三原色混色，產生想要的顏色，透過本章節的解說，相信讀者會對連接、使用 WS2812B 全彩燈泡模組，並透過外部輸入 RGB 三原色代碼，來控制 WS2812B 全彩燈泡模組三原色混色，產生想要的顏色，有更深入的了解與體認。

CHAPTER

透過藍芽控制 WS2812 燈泡模組

上章節介紹如何透過串列埠，傳輸控制顏色代碼，來控制 WS2812B 全彩燈泡模組顯示出

本章節要介紹讀者，透過手機 BlueToothRC 應用程式之鍵盤輸入子功能輸入，透過手機藍芽與開發版藍芽裝置相互傳輸進行通訊，透過 BlueToothRC 應用軟體(曹永忠, 吳佳駿, et al., 2016a, 2016b, 2016c, 2016d, 2017a, 2017b, 2017c; 曹永忠, 許智誠, & 蔡英德, 2014a, 2015a, 2015b; 曹永忠 et al., 2015c, 2015d; 曹永忠, 許智誠, & 蔡英德, 2015e, 2015k; 曹永忠, 郭晉魁, et al., 2017; 曹永忠, 郭晉魁, 許智誠, & 蔡英德, 2016a, 2016b)，使用 ASCII 文字輸入，將 RGB(紅色、綠色、藍色)三個顏色的代碼輸入，透過解碼來還原 RGB(紅色、綠色、藍色)三個顏色值，進而填入全彩發光二極體的發光顏色電壓，來控制顏色。

透過藍芽控制 WS2812B 全彩燈泡模組發光

如下圖所示，這個實驗我們需要用到的實驗硬體有下圖.(a)的 Arduino Nano、下圖.(b) Mini USB 下載線、下圖.(c) WS2812B 全彩燈泡模組、下圖. (d).HC-05 藍芽裝置：

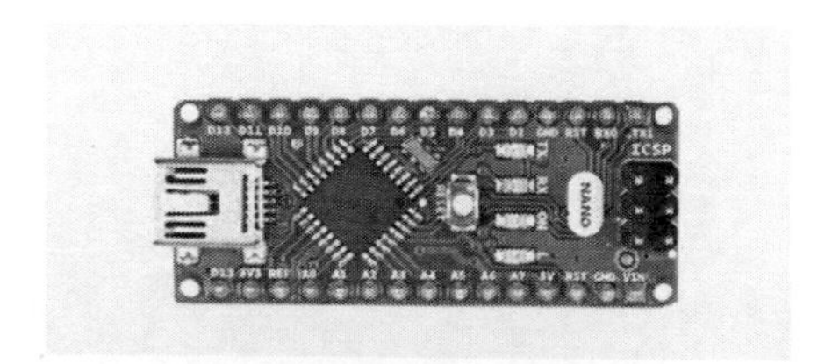

(a). Arduino Nano

(b). Mini USB 下載線

(c). WS2812B全彩燈泡模組(16顆燈)　　　(d).HC-05藍芽裝置

圖 54 透過藍芽控制 WS2812B 全彩燈泡模組所需材料表

讀者可以參考下圖所示之透過藍芽控制全彩 LED 接電路圖，進行電路組立。

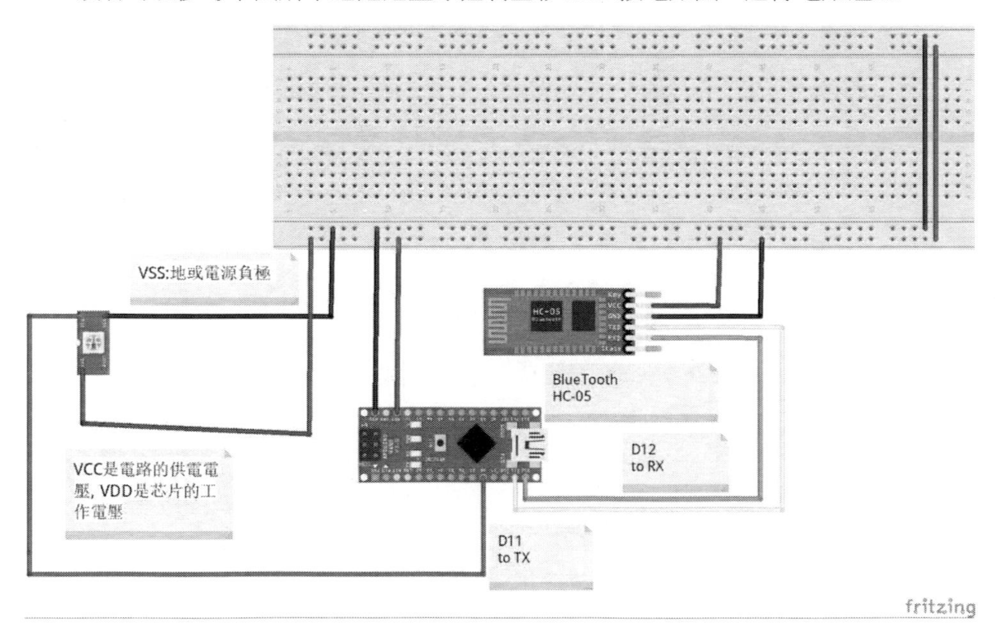

圖 55 透過藍芽控制 WS2812B 全彩燈泡模組電路圖

讀者也可以參考下表之透過藍芽控制全彩 LED 接腳表，進行電路組立。

表 16 透過藍芽控制全彩 LED 接腳表

接腳	接腳說明	開發板接腳
1	麵包板 Vcc(紅線)	接電源正極(5V)
2	麵包板 GND(藍線)	接電源負極
3	Data In(DI)	開發板 digitalPin 8(D8)

接腳	接腳說明	接腳名稱
1	Ground (0V)	接電源正極(5V)
2	Supply voltage; 5V (4.7V - 5.3V)	接電源負極
3	TXD	開發板 digital Pin 11
4	RXD	開發板 digital Pin 12

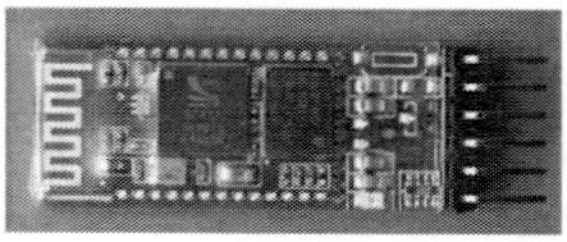

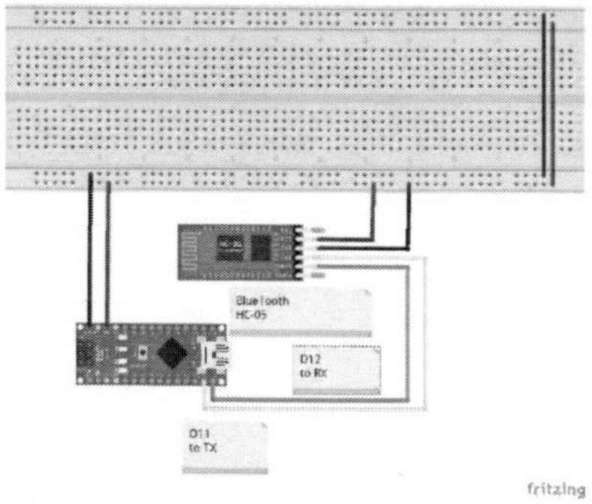

我們遵照前幾章所述，將 Arduino Nano 開發板的驅動程式安裝好之後，我們打開 Arduino Nano 開發板的開發工具：Sketch IDE 整合開發軟體(軟體下載請到：https://www.arduino.cc/en/Main/Software)，攥寫一段程式，如下表所示之透過藍芽控制

全彩 LED 測試程式，控制全彩發光二極體紅色、綠色、藍色明滅測試。(曹永忠 et al., 2015f, 2015l; 曹永忠, 許智誠, et al., 2016a, 2016b)

表 17 透過藍芽控制 WS2812B 全彩燈泡模組測試程式

透過藍芽控制 WS2812B 全彩燈泡模組測試程式(Nano_BTControlWS2812)

```
#include "Pinset.h"
#include <SoftwareSerial.h>
// NeoPixel Ring simple sketch (c) 2013 Shae Erisson
// released under the GPLv3 license to match the rest of the AdaFruit NeoPixel library
#include <Adafruit_NeoPixel.h>

// Which pin on the Arduino is connected to the NeoPixels?


// How many NeoPixels are attached to the Arduino?


Adafruit_NeoPixel pixels = Adafruit_NeoPixel(NUMPIXELS, WSPIN, NEO_GRB +
NEO_KHZ800);

byte RedValue = 0, GreenValue = 0, BlueValue = 0;
String ReadStr = "          " ;
SoftwareSerial mySerial(RxPin, TxPin); // RX, TX

void setup() {
  // put your setup code here, to run once:
      Serial.begin(9600) ;
    DebugMsgln("Program Start Here") ;
      mySerial.begin(9600); //
      pixels.begin(); // This initializes the NeoPixel library.
      DebugMsgln("init LED") ;
    ChangeBulbColor(RedValue,GreenValue,BlueValue) ;
      DebugMsgln("Turn off LED") ;
      if (TestLed ==    1)
          {
```

```
                    CheckLed() ;
                      DebugMsgln("Check LED") ;
                       ChangeBulbColor(RedValue,GreenValue,BlueValue) ;
                       DebugMsgln("Turn off LED") ;
              }


        DebugMsgln("Clear Bluetooth Buffer") ;
        ClearBluetoothBuffer() ;

     delay(initDelayTime) ;     //wait 2 seconds
       DebugMsgln("Waiting for Bluetooth Connection") ;
}

void loop() {
  // put your main code here, to run repeatedly:
  if (mySerial.available()>0)
  {
        DebugMsgln("Data Comming") ;
      ReadStr = mySerial.readStringUntil(0x23) ;       // read char @
       //   Serial.read() ;
        DebugMsg("ReadString is :(") ;
         DebugMsg(ReadStr) ;
         DebugMsg(")\n") ;
          if (DecodeString(ReadStr,&RedValue,&GreenValue,&BlueValue) )
              {
                DebugMsgln("Change RGB Led Color") ;
                ChangeBulbColor(RedValue,GreenValue,BlueValue) ;
                  mySerial.print("OK") ;
              }

  }
 //   delay(CommandDelay) ;
  // Serial.print(".") ;
}

void ChangeBulbColor(int r,int g,int b)
{
```

```
        // For a set of NeoPixels the first NeoPixel is 0, second is 1, all the way up to the
count of pixels minus one.
    for(int i=0;i<NUMPIXELS;i++)
    {
          // pixels.Color takes RGB values, from 0,0,0 up to 255,255,255
          pixels.setPixelColor(i, pixels.Color(r,g,b)); // Moderately bright green color.
          pixels.show(); // This sends the updated pixel color to the hardware.
        // delay(delayval); // Delay for a period of time (in milliseconds).
    }
}

boolean DecodeString(String INPStr, byte *r, byte *g , byte *b)
{
                        DebugMsg("check sgtring:(") ;
                        DebugMsg(INPStr) ;
                              DebugMsg(")\n") ;


        int i = 0 ;
        int strsize = INPStr.length();
        for(i = 0 ; i <strsize ;i++)
             {
                        DebugMsg(String(i,DEC)) ;
                        DebugMsg(":(") ;
                              DebugMsg(INPStr.substring(i,i+1)) ;
                        DebugMsg(")\n") ;

                  if (INPStr.substring(i,i+1) == "@")
                       {
                        DebugMsg("find @ at :(") ;
                       DebugMsg(String(i,DEC)) ;
                              DebugMsg("/") ;
                                    DebugMsg(String(strsize-i-1,DEC)) ;
                              DebugMsg("/") ;
                                    DebugMsg(INPStr.substring(i+1,strsize)) ;
                        DebugMsg(")\n") ;
                          *r = byte(INPStr.substring(i+1,i+1+3).toInt()) ;
                          *g = byte(INPStr.substring(i+1+3,i+1+3+3).toInt() ) ;
                          *b = byte(INPStr.substring(i+1+3+3,i+1+3+3+3).toInt() ) ;
```

```
                                        DebugMsg("convert into :(") ;
                                         DebugMsg(String(*r,DEC)) ;
                                          DebugMsg("/") ;
                                         DebugMsg(String(*g,DEC)) ;
                                          DebugMsg("/") ;
                                         DebugMsg(String(*b,DEC)) ;
                                          DebugMsg(")\n") ;

                                      return true ;
                                 }
                    }
        return false ;

}

void CheckLed()
{
        for(int i = 0 ; i <16; i++)
            {
                        ChangeBulb-
Color(CheckColor[i][0],CheckColor[i][1],CheckColor[i][2]) ;
                        delay(CheckColorDelayTime) ;
            }
}

void ClearBluetoothBuffer()
{

        while (mySerial.available() >0)
            {
                DebugMsg(String(mySerial.read()))    ;
            }
        DebugMsg("END \n") ;
}

void DebugMsg(String msg)
{
        if (_Debug != 0)
```

```
        {
            Serial.print(msg) ;
        }

}
void DebugMsgln(String msg)
{
    if (_Debug != 0)
        {
            Serial.println(msg) ;
        }

}
```

程式下載：https://github.com/brucetsao/eHUE_Bulb2

表 18 透過藍芽控制 WS2812B 全彩燈泡模組測試程式(Pinset.h)

透過藍芽控制 WS2812B 全彩燈泡模組測試程式(Pinset.h)

```
#define _Debug 1
#define TestLed 1
#include <String.h>
#define WSPIN                   8
#define NUMPIXELS               1
#define RxPin           11
#define TxPin           12
#define CheckColorDelayTime 200
#define initDelayTime 2000
#define CommandDelay 100
int CheckColor[][3] = {
                            {255 , 255,255} ,
                            {255 , 0,0} ,
                            {0 , 255,0} ,
                            {0 , 0,255} ,
                            {255 , 128,64} ,
                            {255 , 255,0} ,
                            {0 , 255,255} ,
                            {255 , 0,255} ,
                            {255 , 255,255} ,
```

```
{255 , 128,0} ,
{255 , 128,128} ,
{128 , 255,255} ,
{128 , 128,192} ,
{0 , 128,255} ,
{255 , 0,128} ,
{128 , 64,64} ,
{0 , 0,0} } ;
```

程式下載：https://github.com/brucetsao/eHUE_Bulb2

如下圖所示，我們可以看到透過藍芽控制全彩 LED 測試程式結果畫面。

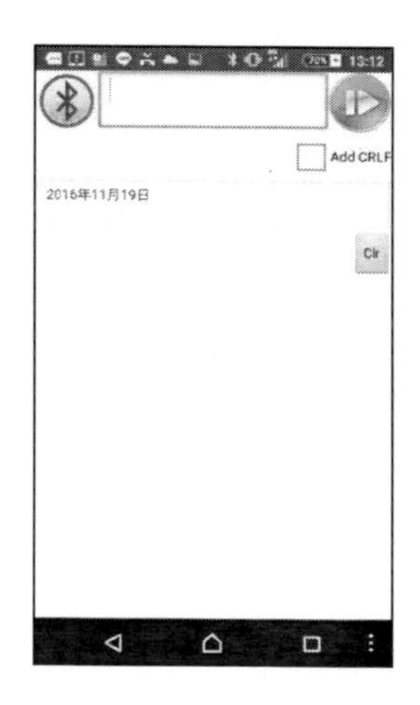

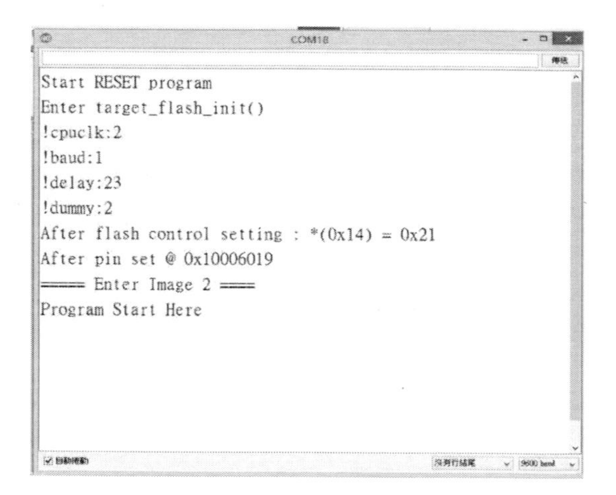

圖 56 透過藍芽控制全彩 LED 測試程式結果畫面

由於透過手機 BlueToothRC 應用程式之鍵盤輸入子功能輸入，將 RGB(紅色、綠色、藍色)三個顏色的代碼輸入，透過解碼來還原 RGB(紅色、綠色、藍色)三個顏色值，進而填入全彩發光二極體的發光顏色電壓，來控制顏色。

所以我們使用了『@』這個指令，來當作所有的資料開頭，接下來就是第一個紅色燈光的值，其紅色燈光的值使用『000』~『255』來當作紅色顏色的顏色值，『000』代表紅色燈光全滅，『255』代表紅色燈光全亮，中間的值則為線性明暗之間為主。

接下來就是第二個綠色燈光的值，其綠色燈光的值使用『000』~『255』來當作綠色顏色的顏色值，『000』代表綠色燈光全滅，『255』代表綠色燈光全亮，中間的值則為線性明暗之間為主。

最後一個藍色燈光的值，其藍色燈光的值使用『000』~『255』來當作藍色顏色的顏色值，『000』代表藍色燈光全滅，『255』代表藍色燈光全亮，中間的值則為線性明暗之間為主。

在所有顏色資料傳送完畢之後，所以我們使用了『#』這個指令，來當作所有的資料的結束，如下圖所示，我們輸入

```
@255000000#
```

如下圖所示，程式就會進行解譯為：R=255，G=000，B=000：

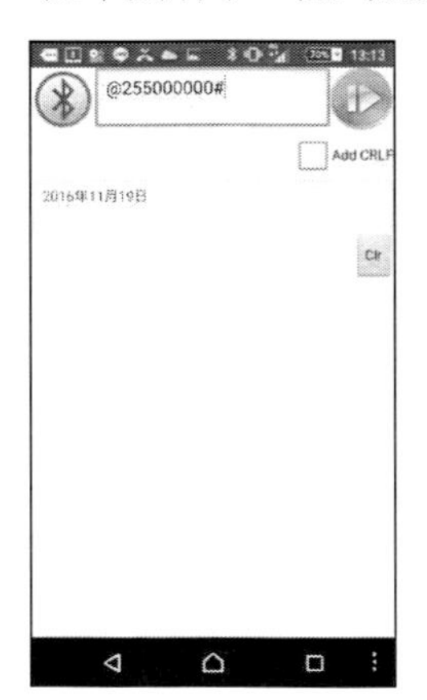

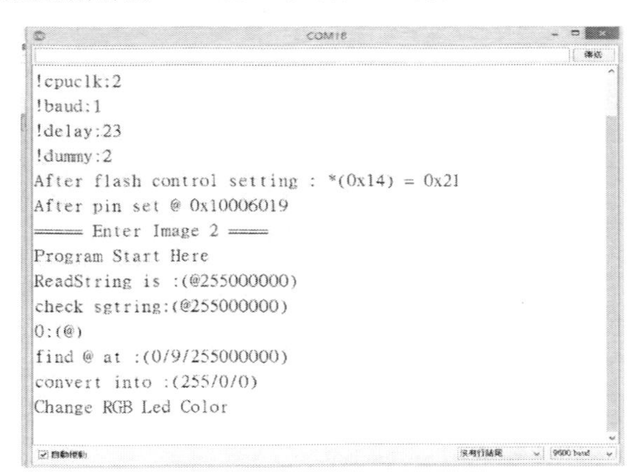

圖 57 @255000000#結果畫面

如下圖所示，我們可以看到混色控制全彩發光二極體測試程式結果畫面。

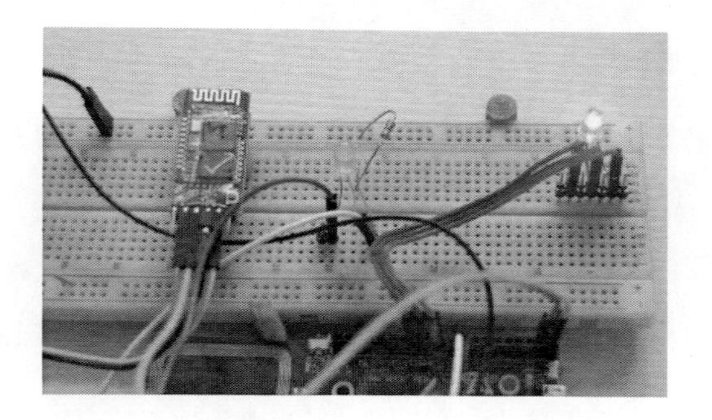

圖 58 @255000000#燈泡顯示(改)

第二次測試

如下圖所示，我們輸入

```
@000255000#
```

如下圖所示，程式就會進行解譯為：R=000，G=255，B=000：

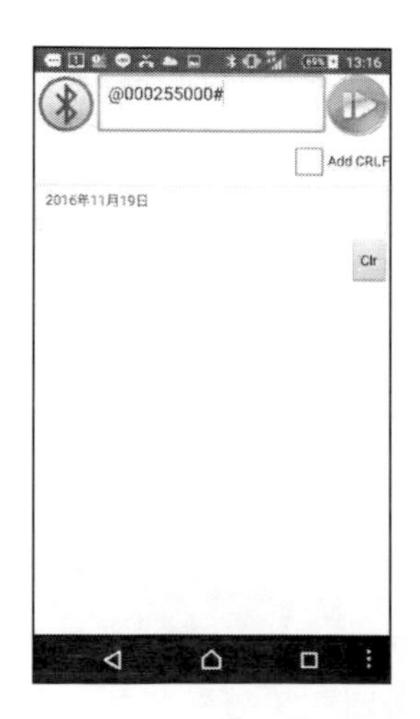

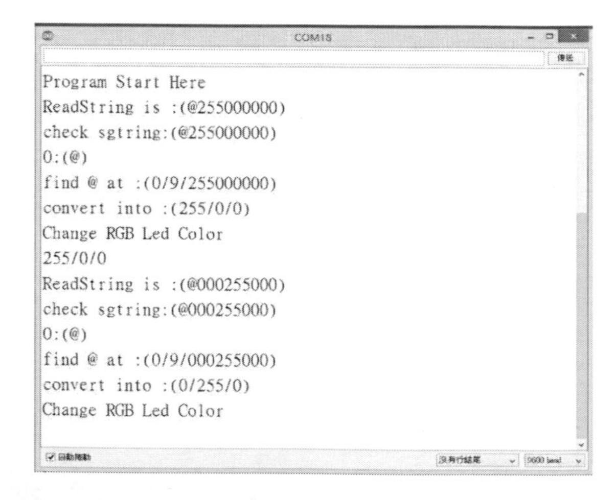

圖 59 @000255000#結果畫面

如下圖所示，我們可以看到混色控制全彩發光二極體測試程式結果畫面。

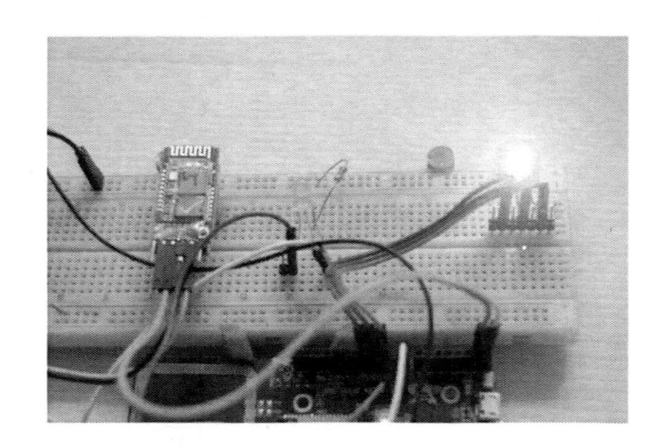

圖 60 @000255000#燈泡顯示(改)

第三次測試

如下圖所示，我們輸入

```
@000000255#
```

如下圖所示，程式就會進行解譯為：R=000，G=000，B=255：

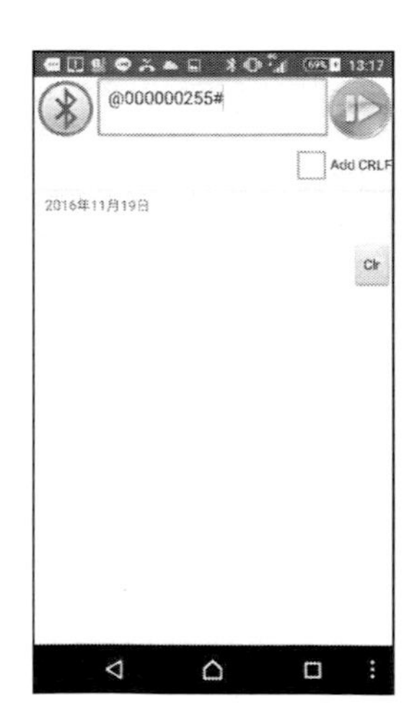

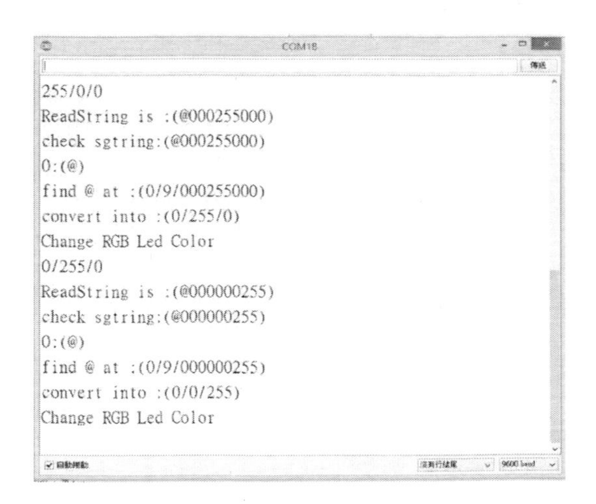

圖 61 @000000255#結果畫面

如下圖所示，我們可以看到混色控制全彩發光二極體測試程式結果畫面。

圖 62 @000000255#燈泡顯示(改)

第四次測試

如下圖所示，我們輸入

```
@128128000#
```

如下圖所示，程式就會進行解譯為：R=128，G=128，B=000：

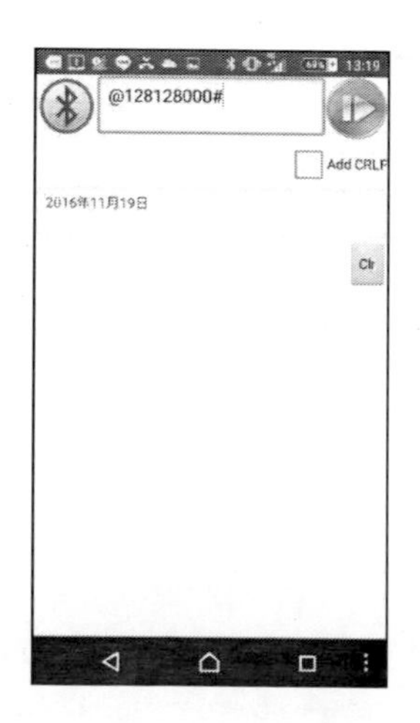

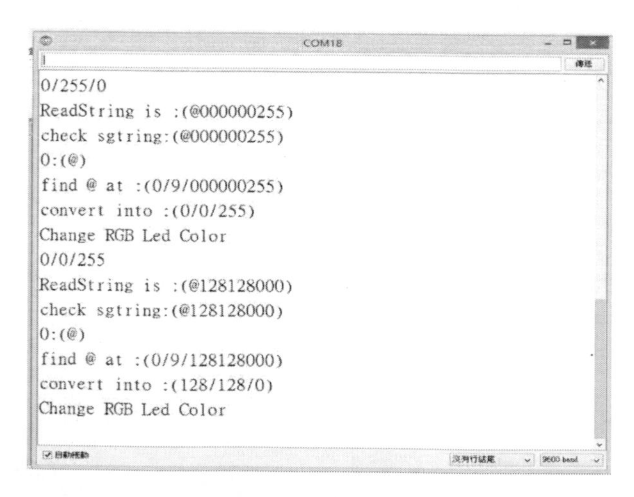

圖 63 @128128000#結果畫面

如下圖所示，我們可以看到混色控制全彩發光二極體測試程式結果畫面。

圖 64 @128128000#燈泡顯示(改)

第五次測試

如下圖所示，我們輸入

```
@128000128#
```

如下圖所示，程式就會進行解譯為：R=128，G=000，B=128：

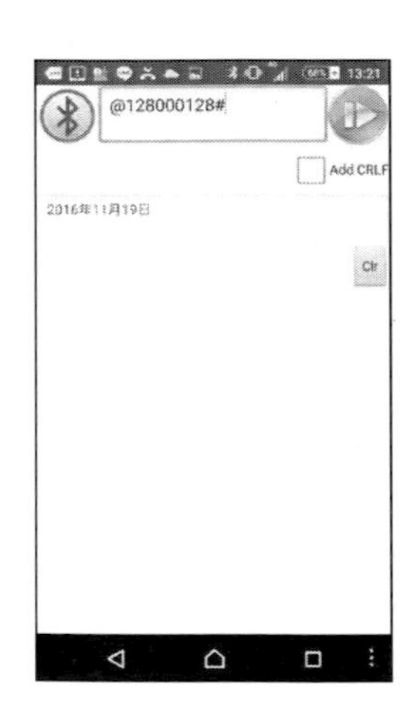

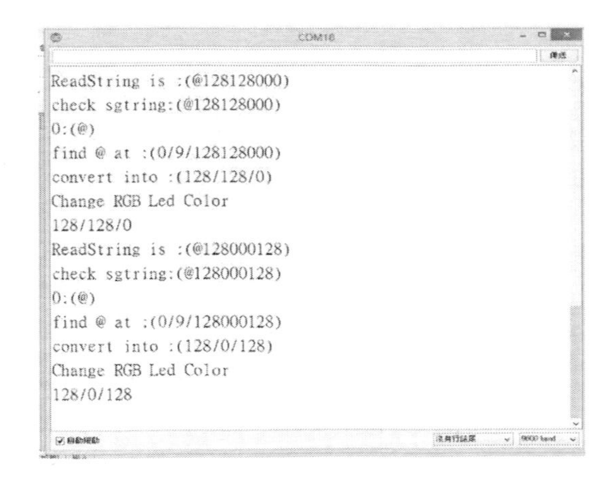

圖 65 @128000128#結果畫面

如下圖所示，我們可以看到混色控制全彩發光二極體測試程式結果畫面。

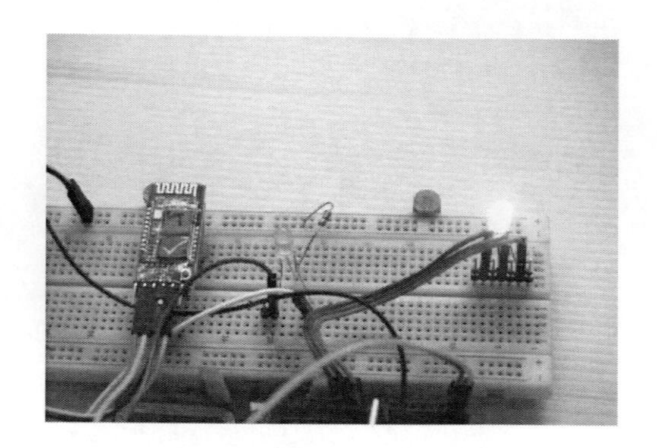

圖 66 @128000128#燈泡顯示(改)

第六次測試

如下圖所示，我們輸入

```
@000255255#
```

如下圖所示，程式就會進行解譯為：R=000，G=255，B=255：

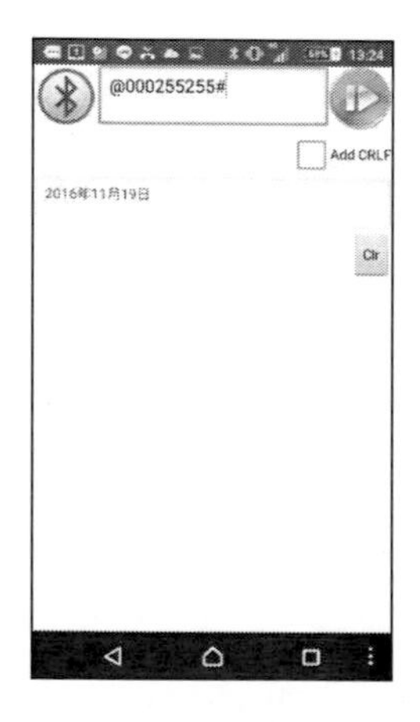

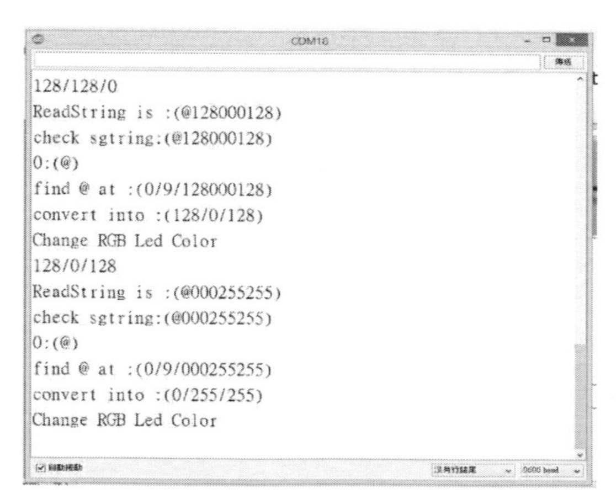

圖 67 @000255255#結果畫面

如下圖所示，我們可以看到混色控制全彩發光二極體測試程式結果畫面。

圖 68 @000255255#燈泡顯示(改)

章節小結

本章主要介紹之 Arduino Nano 開發板使用與連接 WS2812B 彩色燈泡模組，透過手機 BlueToothRC 應用程式之鍵盤輸入子功能輸入控制命令，透過手機藍芽與開發版藍芽裝置相互傳輸進行通訊來控制 RGB 三原色混色，產生想要的顏色，透過本章節的解說，相信讀者會對手機應用程式連接、控制 WS2812B 彩色燈泡模組之 RGB 三原色混色，產生想要的顏色，有更深入的了解與體認。

6
CHAPTER

基礎程式設計

本章節主要是教各位讀者使用 MIT 的 AppInventor 2 基本操作與常用的基本模組程式，希望讀者能仔細閱讀，因為在下一章實作時，重覆的部份就不在重覆敘述之。

上傳電腦原始碼

本書有許多 App Inventor 2 程式範例，我們如果不想要一一重寫，可以取得範例網站的程式原始碼後，讀者可以參考本節內容，將這些程式原始碼上傳到我們個人帳號的 App Inventor 2 個人保管箱內，就可以編譯、發佈或進一步修改程式。

首先，如下圖所示，我們在 App Inventor 2 程式模塊編輯畫面之中，在『Projects』的選單下。

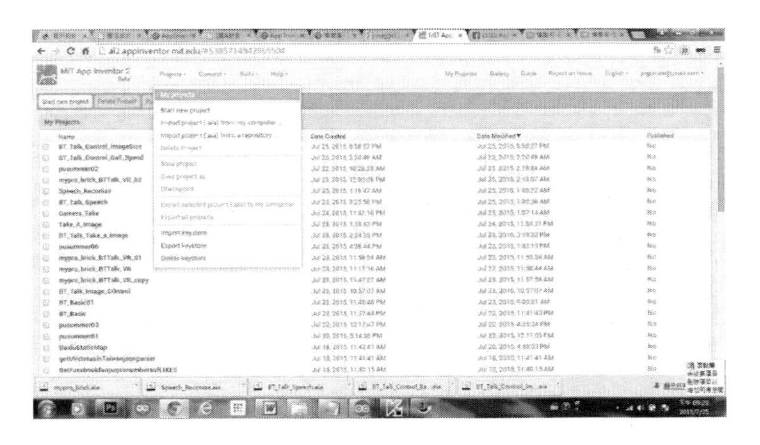

圖 69 切換到專案管理畫面

如下圖所示，我們在 App Inventor 2 程式模塊編輯畫面之中，點選在『Projects』的選單下『import project (.aia) from my computer』。

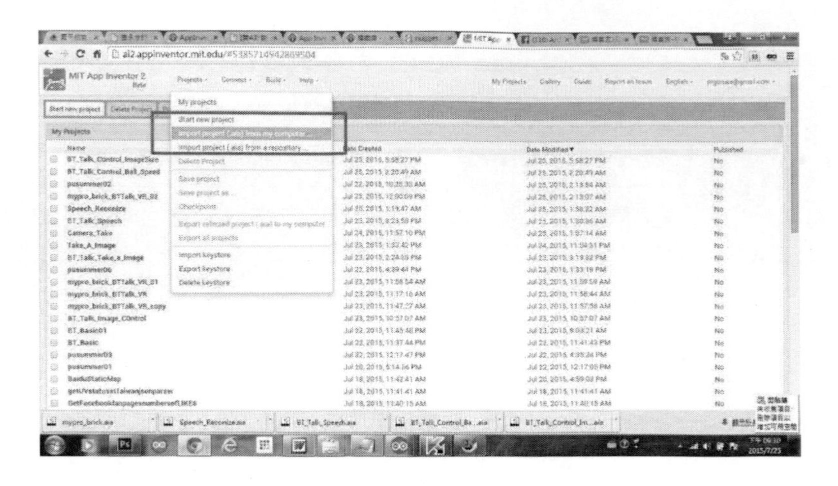

圖 70 上傳原始碼到我的專案箱

如下圖所示，出現『import project...』的對話窗，點選在『選擇檔案』的按紐。

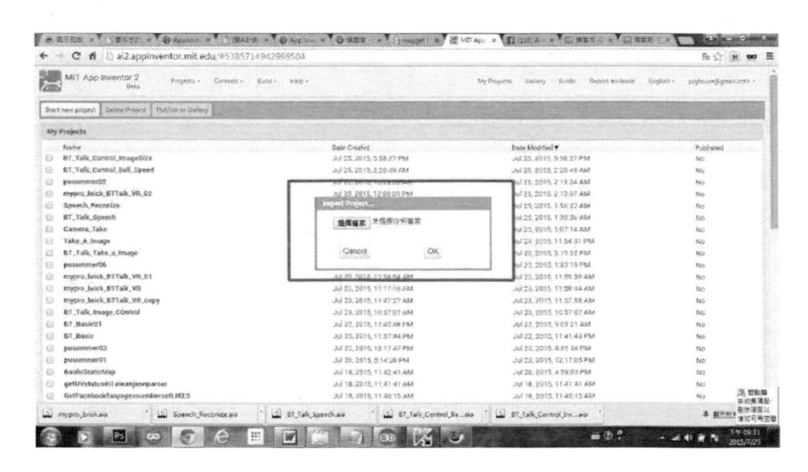

圖 71 選擇檔案對話窗

如下圖所示，出現『開啟舊檔』的對話窗，請切換到您存放程式碼路徑，並點選您要上傳的『程式碼』。

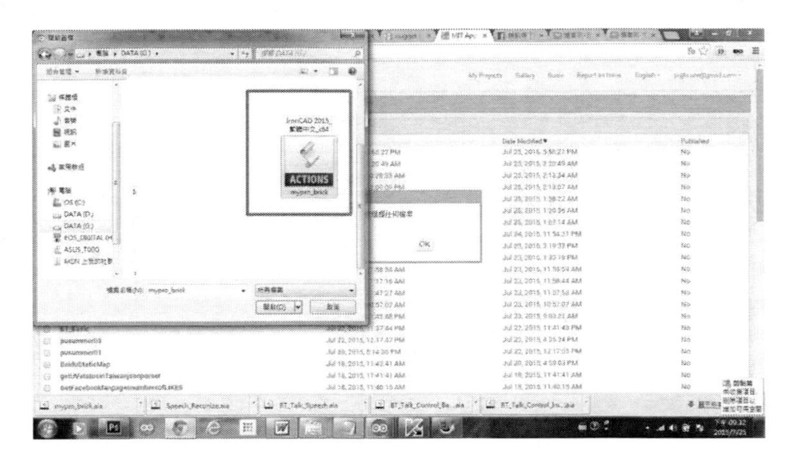

圖 72 選擇電腦原始檔

如下圖所示，出現『開啟舊檔』的對話窗，請切換到您存放程式碼路徑，並點選您要上傳的『程式碼』，並按下『開啟』的按紐。

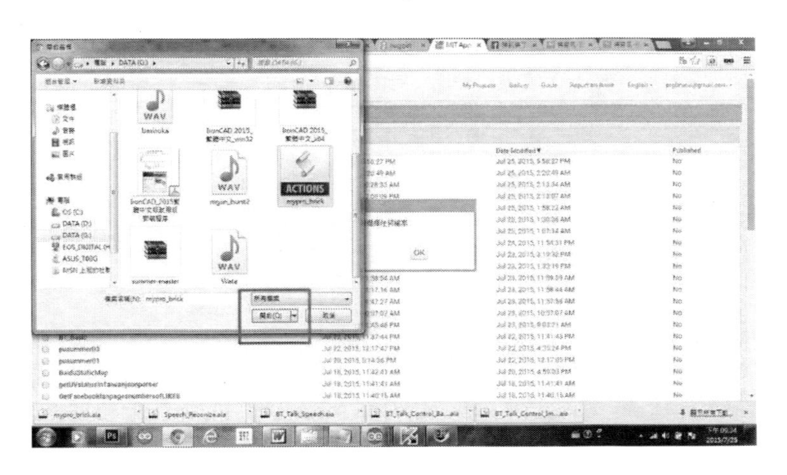

圖 73 開啟該範例

如下圖所示，出現『import project...』的對話窗，點選在『OK』的按紐。

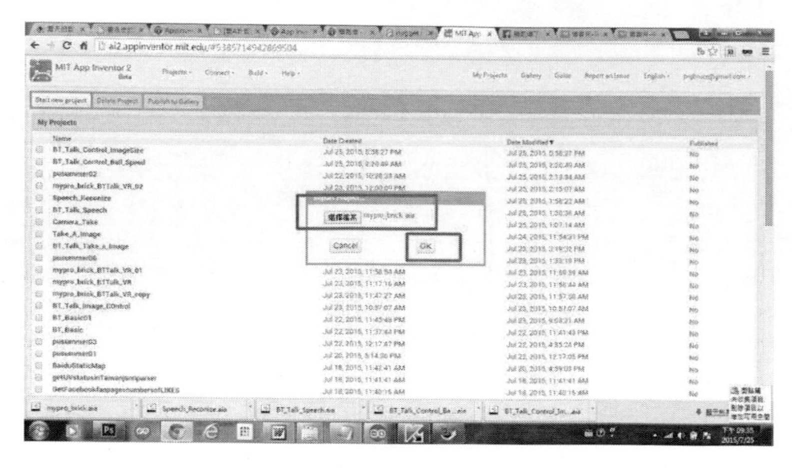

圖 74 開始上傳該範例

如下圖所示，如果上傳程式碼沒有問題，就會回到 App Inventor 2 的元件編輯畫面，代表您已經正確上傳該程式原始碼了。

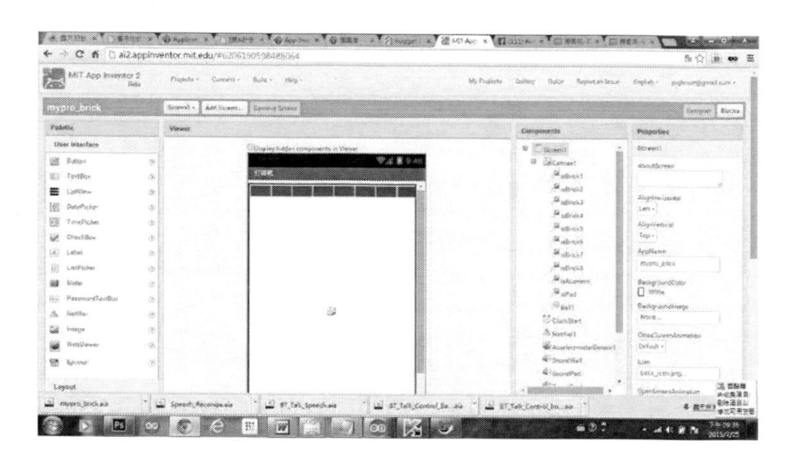

圖 75 上傳範例後開啟該範例

藍芽通訊

Arduino Nano 藍芽通訊是本書主要的重點，本節介紹 Arduino Nano 開發板如何使用藍芽模組與與模組之間的電路組立。

如下圖所示，這個實驗我們需要用到的實驗硬體有下圖.(a)的 Arduino Nano 與下圖.(b) USB 下載線、下圖.(c) 藍芽通訊模組(HC-05)：

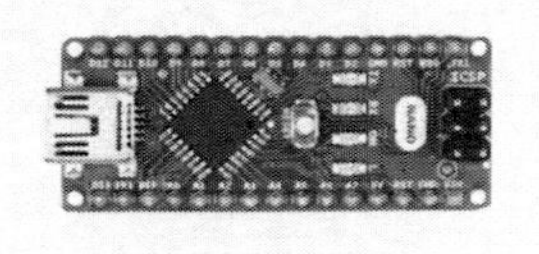

(a).Arduino Nano

(b). USB 下載線

(c). 藍芽通訊模組(HC-05)

圖 76 藍芽通訊模組(HC-05)所需零件表

如下圖所示，我們可以看到連接藍芽通訊模組(HC-05)，只要連接 VCC、GND、TXD、RXD 等四個腳位，讀者要仔細觀看，切勿弄混淆了。

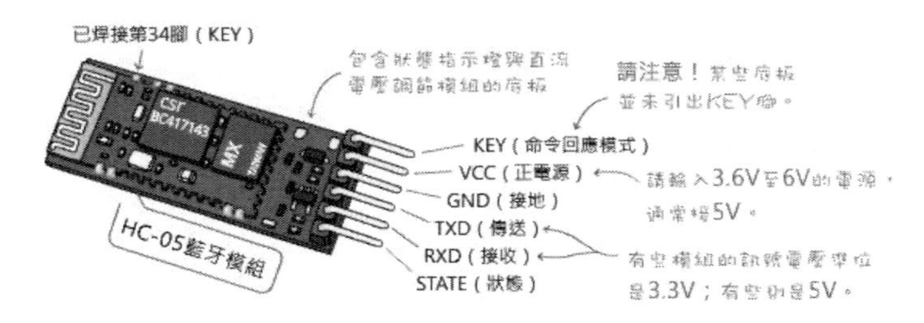

圖 77 附帶底板的 HC-05 藍牙模組接腳圖

資料來源：趙英傑老師網站(http://swf.com.tw/?p=693)(趙英傑, 2013, 2014)

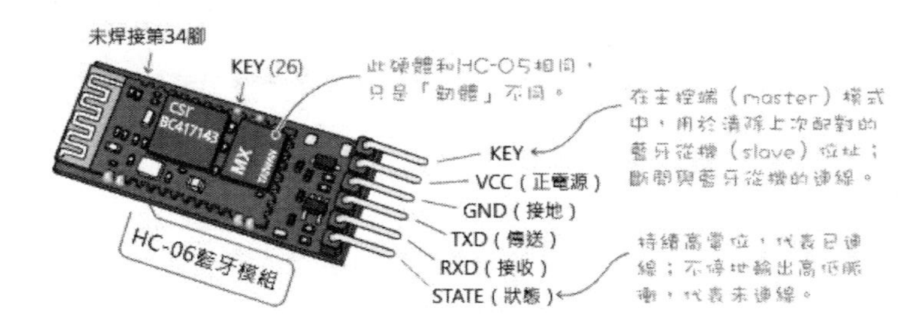

圖 78 附帶底板的 HC-06 藍牙模組接腳圖

資料來源：趙英傑老師網站(http://swf.com.tw/?p=693)(趙英傑, 2013, 2014)

如下圖所示，我們可以知道只要將藍芽通訊模組(HC-05)的 VCC 接在 Arduino

Nano 開發板 +5V 的腳位(有的要接 3.3V)，GND 接在 Arduino Nano 開發板 GND 的腳位，剩下的 TXD、、RXD 兩個通訊接腳，如果要用實體通訊接腳連接，就可以接在 Arduino Nano 開發板 Tx0、、Rx0 的腳位，或者讀者可以使用軟體通訊埠，也一樣可以達到相同功能，只不過速度無法如同硬體的通訊埠那麼快。

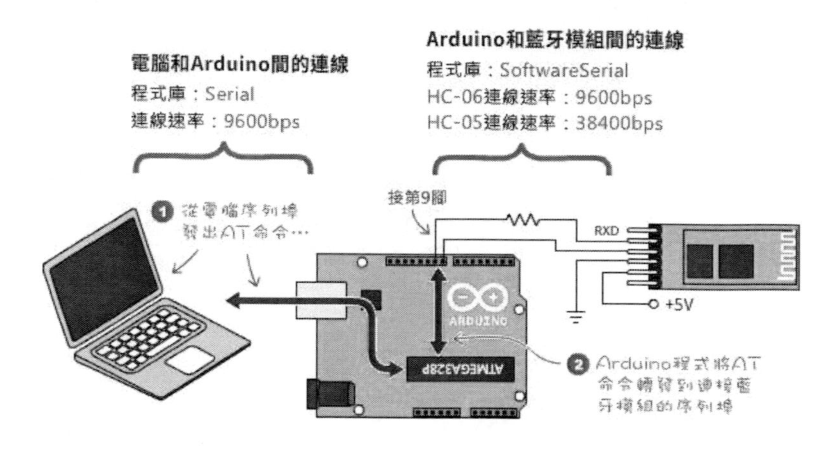

圖 79 連接藍芽模組之簡圖

資料來源：趙英傑老師網站(http://swf.com.tw/?p=712)(趙英傑, 2013, 2014)

由於本書使用 HC-05 藍牙模組，所以我們遵從下表來組立電路，來完成本節的實驗：

表 19 HC-05 藍牙模組接腳表

HC-05 藍牙模組	Arduino Nano 開發板接腳
VCC	Arduino Nano +5V Pin
GND	Arduino Nano Gnd Pin
TX	Arduino Nano digital Pin 11
RX	Arduino Nano digital Pin 12

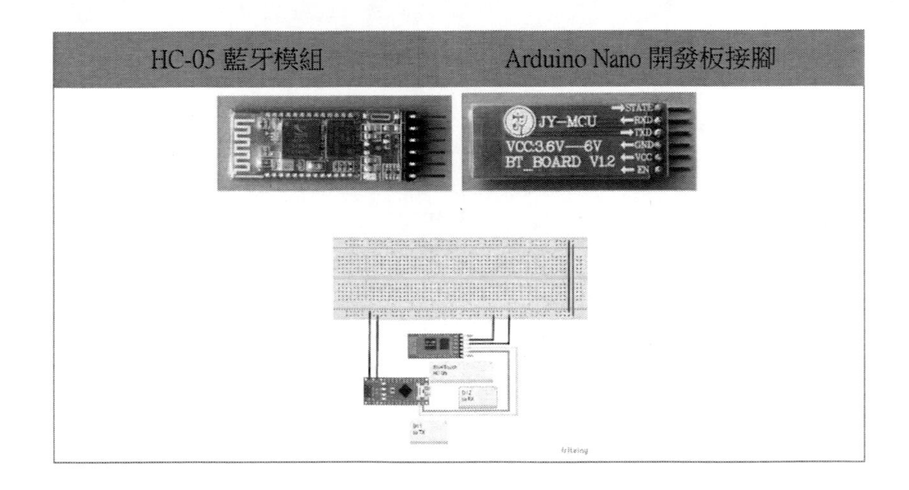

我們遵照前面所述，將 Arduino Nano 開發板的驅動程式安裝好之後，作者參考上表與上圖之後，完成電路的連接，完成後如下圖所示之藍牙模組 HC-05 接腳實際組裝圖。

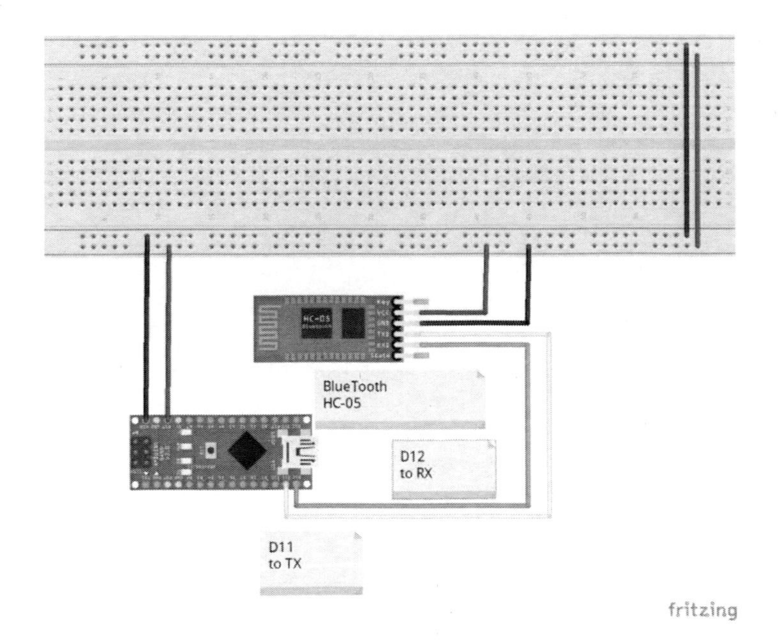

圖 80 藍牙模組 HC-05 接腳實際組裝圖

我們遵照前幾章所述，將 Arduino Nano 開發板的驅動程式安裝好之後，我們打開 Arduino Nano 開發板的開發工具：Sketch IDE 整合開發軟體，攥寫一段程式，如下表所示之藍牙模組 HC-05 測試程式一，來進行藍牙模組 HC-05 的通訊測試。

表 20 藍牙模組 HC-05 測試程式一

藍牙模組 HC-05 測試程式一(BT_Talk)

```
#include <SoftwareSerial.h>    // 引用程式庫

// 定義連接藍牙模組的序列埠
SoftwareSerial BT(11, 12); // 接收腳, 傳送腳
char val;  // 儲存接收資料的變數

void setup() {
  Serial.begin(9600);    // 與電腦序列埠連線
  Serial.println("BT is ready!");

  // 設定藍牙模組的連線速率
  // 如果是 HC-05，請改成 38400
  BT.begin(9600);
}

void loop() {

  // 若收到藍牙模組的資料，則送到「序列埠監控視窗」
  if (BT.available()) {
    val = BT.read();
    Serial.print(val);
  }

  // 若收到「序列埠監控視窗」的資料，則送到藍牙模組
  if (Serial.available()) {
    val = Serial.read();
    BT.write(val);
  }
}
```

讀者可以看到本次實驗-藍牙模組 HC-05 測試程式一結果畫面，如下圖所示，以看到輸入的字元可以轉送到藍芽另一端接收端。

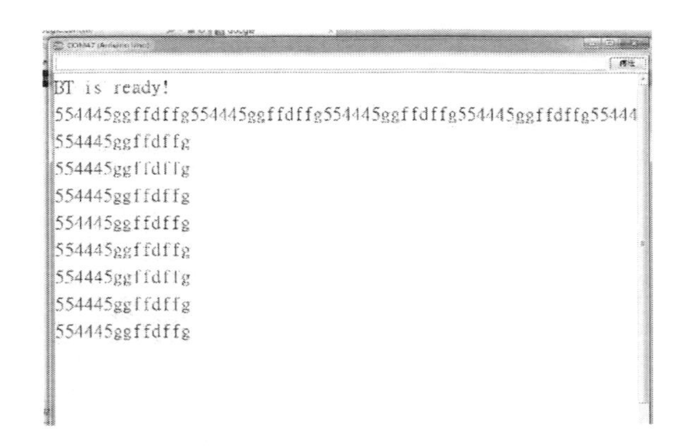

圖 81 藍牙模組 HC-05 測試程式一結果畫面

手機安裝藍芽裝置

如下圖所示，一般手機、平板的主畫面或程式集中可以選到『設定：Setup』。

圖 82 手機主畫面

如下圖所示，點入『設定：Setup』之後，可以到『設定：Setup』的主畫面，，如您的手機、平板的藍芽裝置未打開，請將藍芽裝置開啟。

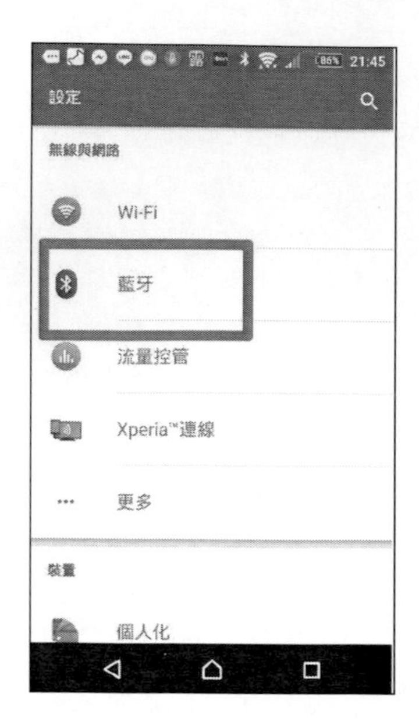

圖 83 設定主畫面

如下圖所示，開啟藍牙裝置之後，可以看到目前可以使用的藍牙裝置。

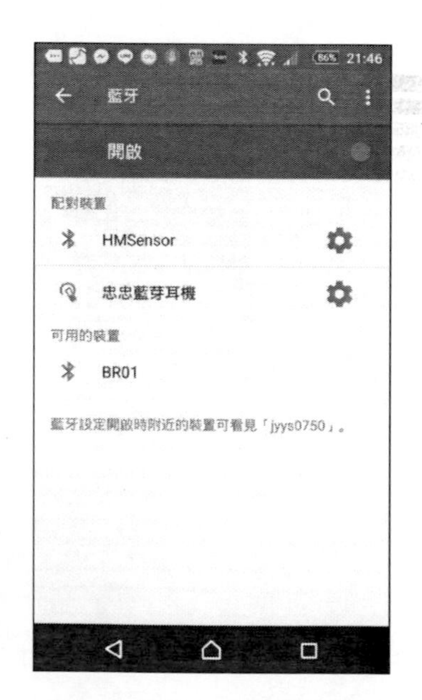

圖 84 目前已連接藍牙畫面

如下圖所示，我們要將我們要新增的藍牙裝置加入手機、平板之中， 請點選下圖紅框處：搜尋裝置，方能增加新的藍牙裝置。

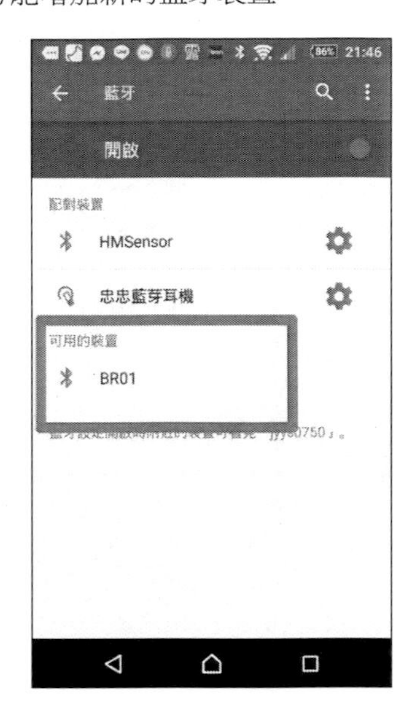

圖 85 搜尋藍牙配對

如下圖所示，當我們要找到新的藍牙裝置，點選它之後，會出現下圖畫面，要求使用者輸入配對的 Pin 碼，一般為『0000』或『1234』。

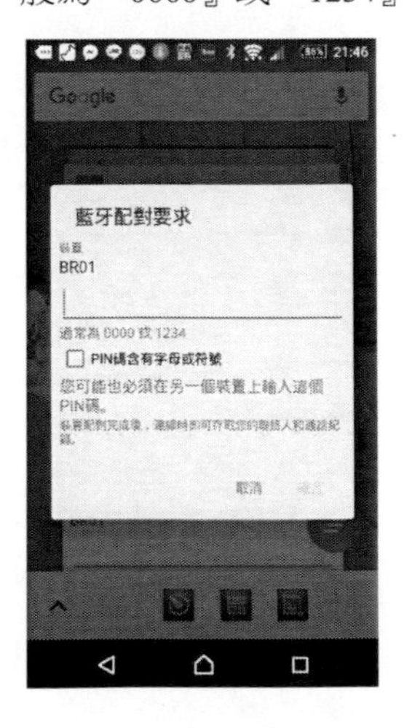

圖 86 第一次配對-要求輸入配對碼

如下圖所示，我們可以輸入配對的 Pin 碼，一般為『0000』或『1234』，來完成配對的要求。

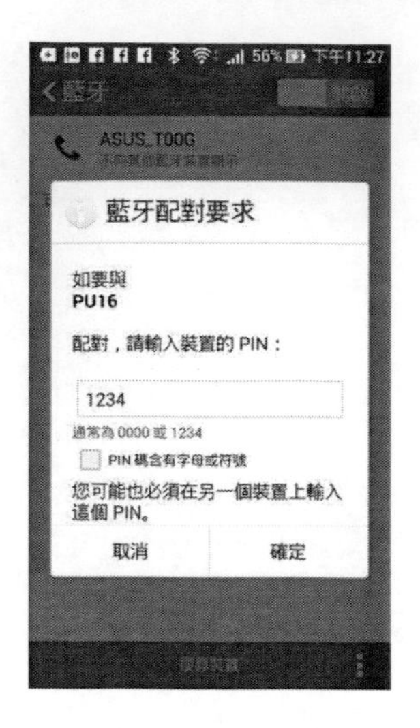

圖 87 藍芽要求配對

如下圖所示，我們可以輸入配對的 Pin 碼，一般為『0000』或『1234』，來完成配對的要求，本書例子為『1234』。

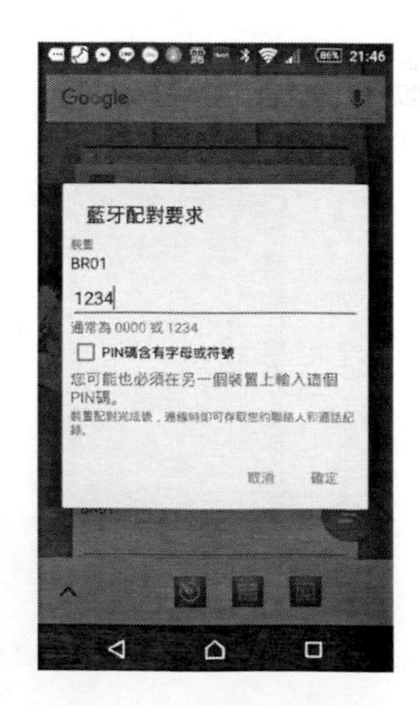

圖 88 輸入配對密碼(1234)

如下圖所示，如果輸入配對的 Pin 碼正確無誤，則會完成配對，該藍芽裝置會加入手機、平板的藍芽裝置清單之中。

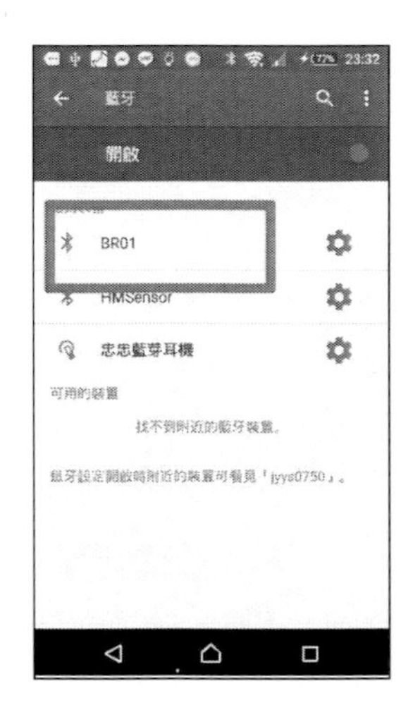

圖 89 完成配對後-出現在已配對區

如下圖所示，完成後，手機、平板會顯示已完成配對的藍芽裝置清單。

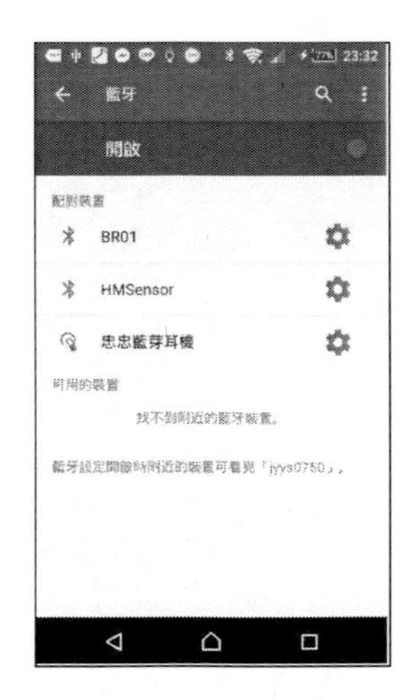

圖 90 目前已連接藍芽畫面(以配對)

如下圖所示，完成配對的藍芽裝置後，我們可以用回上頁回到設定主畫面，完成新增藍芽裝置的配對。

圖 91 完成藍芽配對等完成畫面

安裝 Bluetooth RC APPs 應用程式

本書再測試 Arduino 開發板連接藍芽裝置，為了測試這些程式是否傳輸、接收命令是否正確，我們會先行安裝市面穩定的藍芽通訊 APPs 應用程式。

本書使用 Fadjar Hamidi F 公司撰寫的『Bluetooth RC』，其網址：https://play.google.com/store/apps/details?id=appinventor.ai_test.BluetoothRC&hl=zh_TW，讀者可以到該網址下載之，或是使用手機掃描 QR Code(如下圖所示)。

圖 92 Bluetooth RC 下載網址

本章節主要是介紹讀者如何安裝 Fadjar Hamidi F 公司攥寫的『Bluetooth RC』。

如下圖所示，在手機主畫面進入 play 商店。

圖 93 手機主畫面進入 play 商店

如下圖所示，下圖為 play 商店主畫面。

圖 94 Play 商店主畫面

如下圖紅框處所示，我們在 G oogle Play 商店主畫面 - 按下查詢紐。

圖 95 Play 商店主畫面 - 按下查詢紐

如下圖紅框處所示，我們在輸入『Bluetooth RC』查詢該 APPs 應用程式。

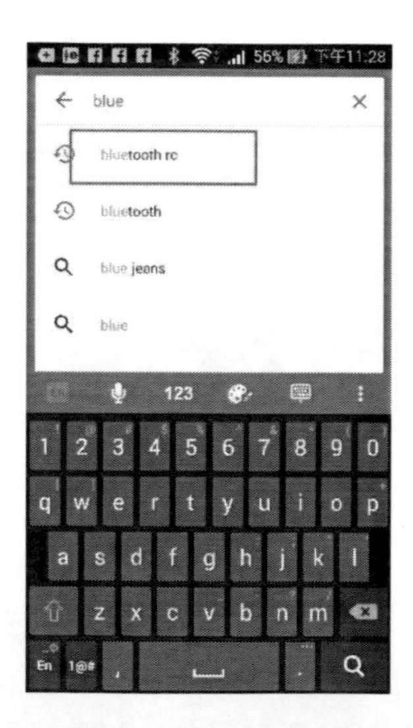

圖 96 Play 商店主畫面 - 輸入查詢文字

如下圖紅框處所示，我們在輸入『Bluetooth RC』查詢，找到 BluetoothRC 應用程式。

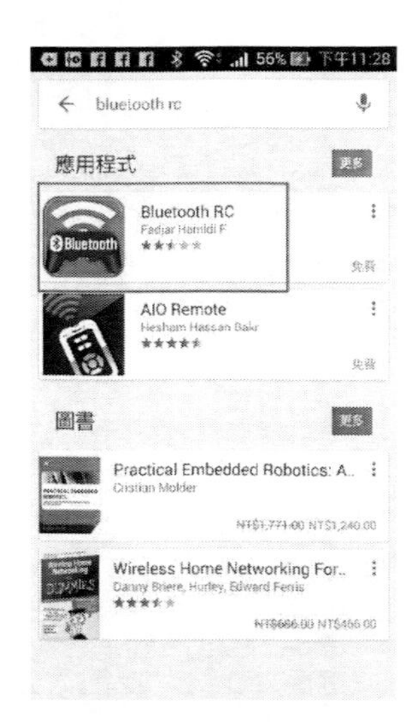

圖 97 找到 BluetoothRC 應用程式

如下圖紅框處所示，找到 BluetoothRC 應用程式 -點下安裝。

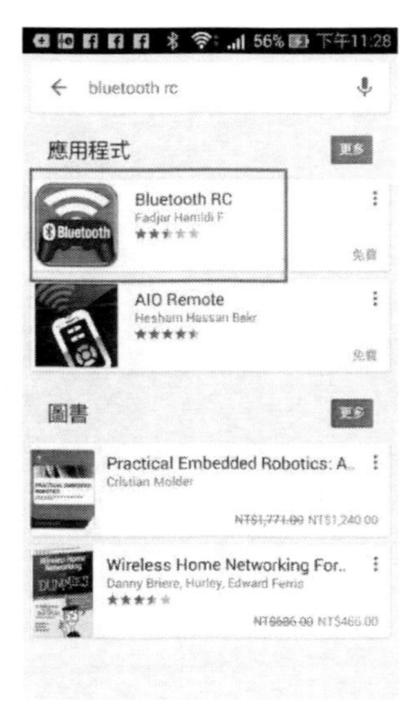

圖 98 找到 BluetoothRC 應用程式 -點下安裝

如下圖紅框處所示，點下『接受』，進行安裝。

圖 99 BluetoothRC 應用程式安裝主畫面要求授權

如下圖所示，BluetoothRC 應用程式安裝中。

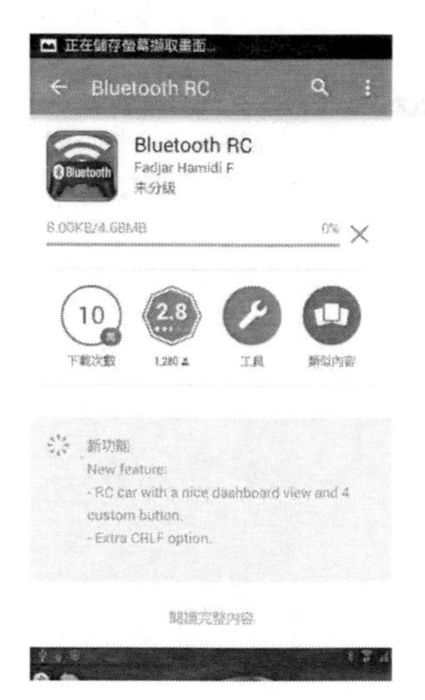

圖 100 BluetoothRC 應用程式安裝中

如下圖所示，BluetoothRC 應用程式安裝中。

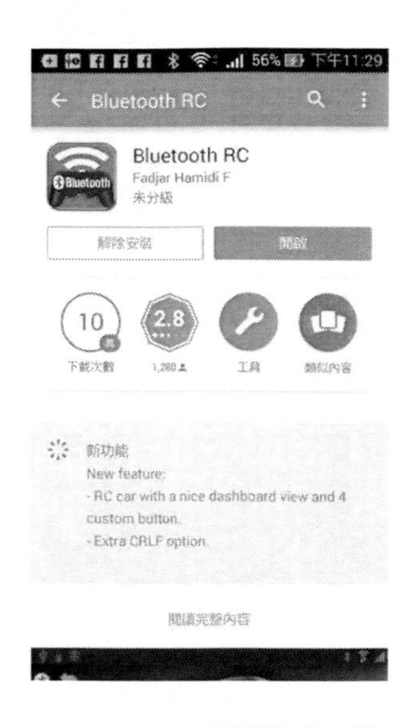

圖 101 BluetoothRC 應用程式安裝中二

如下圖所示，BluetoothRC 應用程式安裝完成。

圖 102 BluetoothRC 應用程式安裝完成

如下圖紅框處所示，我們可以點選『開啟』來執行 BluetoothRC 應用程式。

圖 103 BluetoothRC 應用程式安裝完成後執行

如下圖所示，安裝好 BluetoothRC 應用程式之後，一般說來手機、平板的桌面或程式集中會出現『BluetoothRC』的圖示。

圖 104 BluetoothRC 應用程式安裝完成後的桌面

BluetoothRC 應用程式通訊測試

一般而言，如下圖所示，我們安裝好 BluetoothRC 應用程式之後，手機、平板的桌面或程式集中會出現『BluetoothRC』的圖示。

圖 105 桌面的 BluetoothRC 應用程式

如下圖所示，我們點選手機、平板的桌面或程式集中『BluetoothRC』的圖示，進入 BluetoothRC 應用程式。

圖 106 執行 BluetoothRC 應用程式

如下圖所示，為 BluetoothRC 應用程式進入系統的抬頭畫面。

圖 107 BluetoothRC init 應用程式執行中

如下圖所示，為 BluetoothRC 應用程式主畫面。

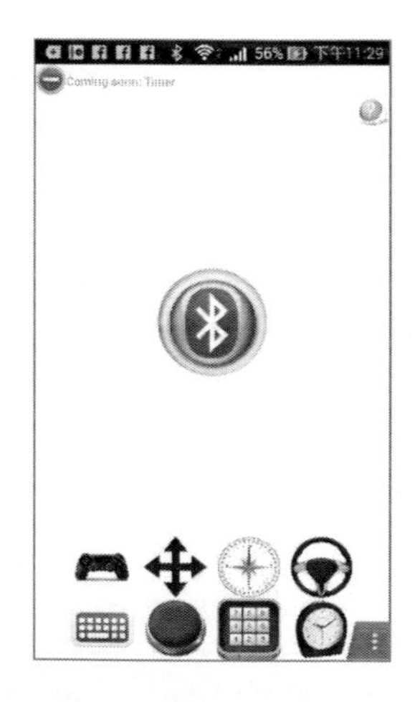

圖 108 BluetoothRC 應用程式執行主畫面

如下圖紅框處所示，首先，我們要為 BluetoothRC 應用程式選定工作使用的藍芽裝置，讀者要注意，系統必須要開啟藍芽裝置，且已將要連線的藍芽裝置配對完成後，並已經在手機、平板的藍芽已配對清單中，方能被選到。

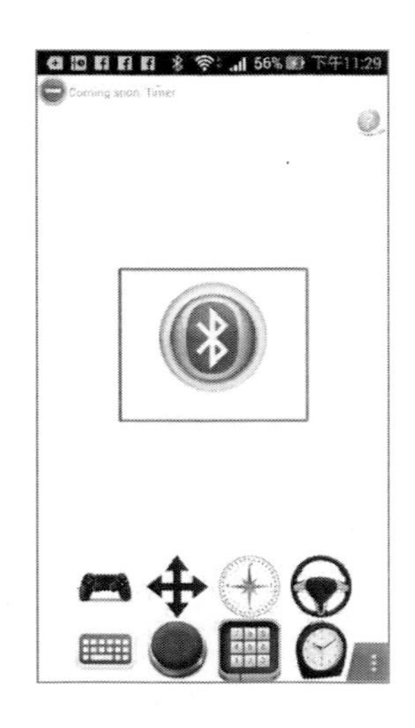

圖 109 BluetoothRC 應用程式執行主畫面 - 選取藍芽裝置

如下圖所示，我們要可以選擇已經在手機、平板已配對清單中的藍芽，選定為BluetoothRC 應用程式工作使用的藍芽裝置。

圖 110 BluetoothRC 應用程式執行主畫面 - 已配對藍芽裝置列表

如下圖紅框處所示，我們要可以選擇已經在手機、平板已配對清單中的藍芽，進行 BluetoothRC 應用程式工作使用。

圖 111 BluetoothRC 應用程式執行主畫面 - 選取配對藍芽裝置

如下圖紅框處所示，系統會出現目前 BluetoothRC 應用程式工作使用藍芽裝置之 MAC。

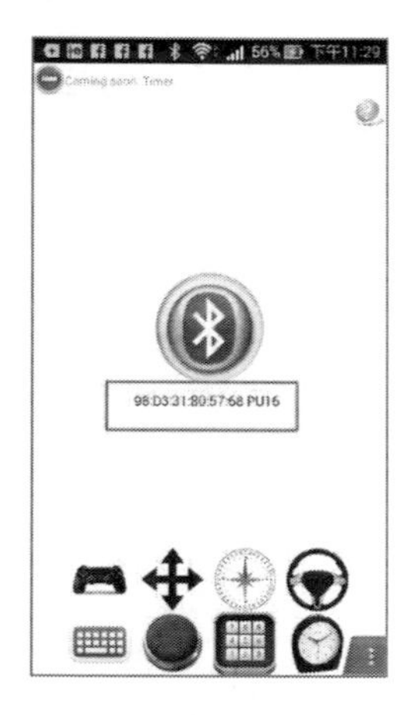

圖 112 BluetoothRC 應用程式執行主畫面 - 完成選取藍芽裝置

如下圖紅框處所示，點選 BluetoothRC 應用程式執行主畫面紅框處 - 啟動文字通訊功能。

圖 113 BluetoothRC 應用程式執行主畫面 - 啟動文字通訊功能

如下圖所示，為 BluetoothRC 文字通訊功能主畫面。

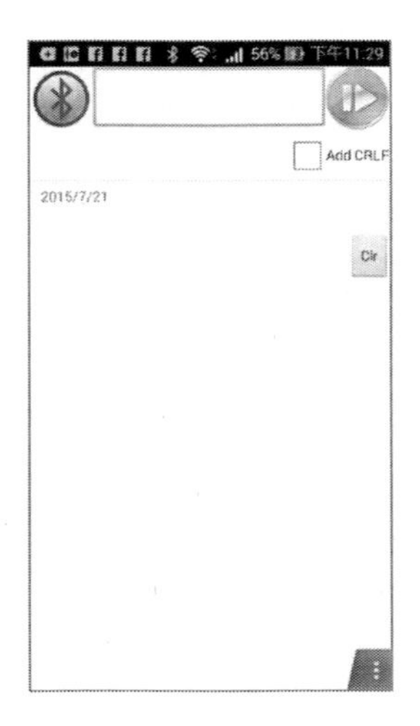

圖 114 BluetoothRC 文字通訊功能主畫面

如下圖紅框處所示，啟動藍芽通訊。

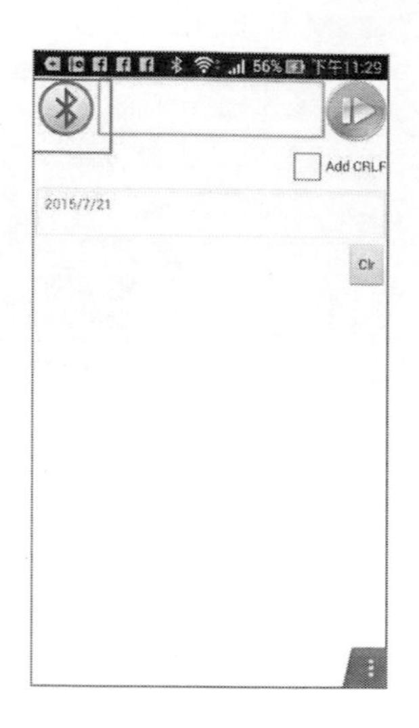

圖 115 BluetoothRC 文字通訊功能主畫面 -完成 開啟藍芽通訊

如下圖紅框處所示，我們可以輸入任何文字，進行藍芽傳輸。

圖 116 BluetoothRC 文字通訊功能主畫面 - 輸入送出文字

如下圖紅框處所示，按下向右三角形，將上方輸入的文字，透過選定的藍芽裝置傳輸到連接的另一方藍芽裝置。

圖 117 BluetoothRC 文字通訊功能主畫面 - 傳送輸入文字

Arduino Nano 藍芽模組控制

由於本章節只要使用藍芽模組(HC-05/HC-06)，所以本實驗仍只需要一塊 Arduino Nano 開發板、USB 下載線、8 藍芽模組(HC-05/HC-06)。

如下圖所示，這個實驗我們需要用到的實驗硬體有下圖.(a)的 Arduino Nano 與下圖.(b) USB 下載線、下圖.(c) 藍芽模組(HC-05/HC-06)：

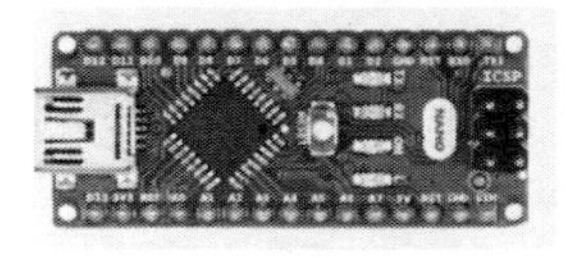

(a). Arduino Nano

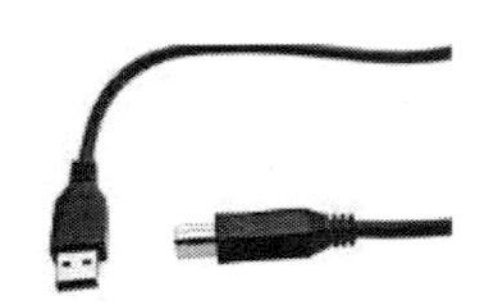

(b). USB 下載線

(c). 藍芽模組(HC-05/HC-06)

圖 118 藍芽模組(HC-05/HC-06)所需零件表

由於本書使用藍芽模組，所以我們遵從下表來組立電路，來完成本節的實驗：

表 21 使用藍芽模組接腳表

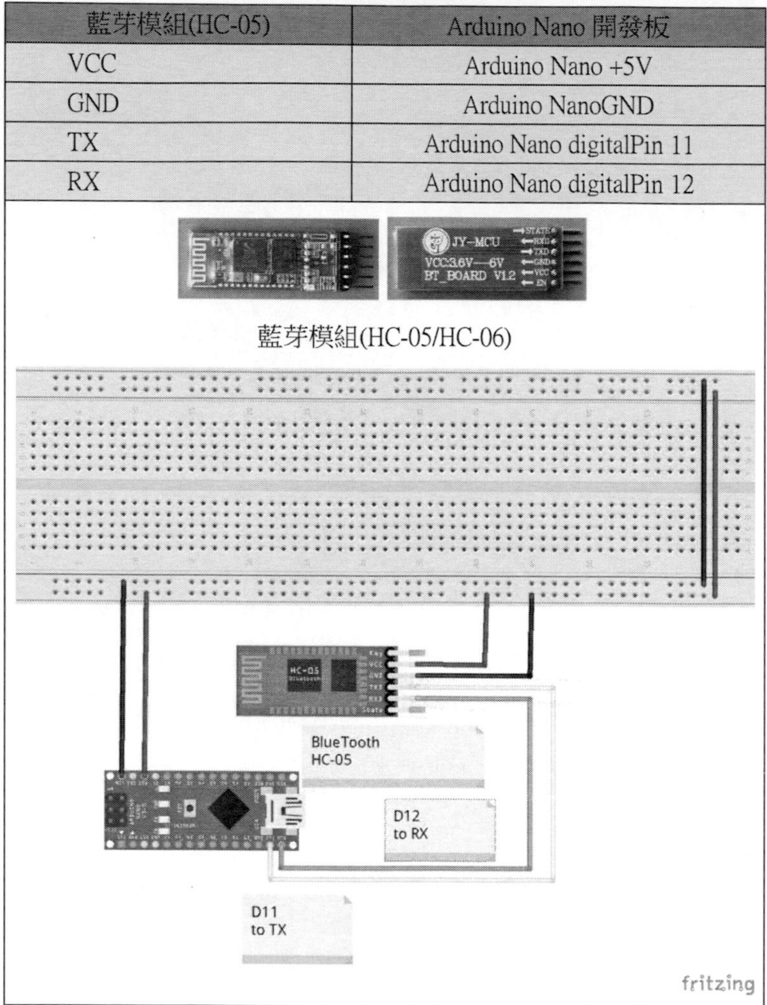

藍芽模組(HC-05)	Arduino Nano 開發板
VCC	Arduino Nano +5V
GND	Arduino NanoGND
TX	Arduino Nano digitalPin 11
RX	Arduino Nano digitalPin 12

藍芽模組(HC-05/HC-06)

我們遵照前幾章所述，將 Arduino Nano 開發板的驅動程式安裝好之後，我們打開 Arduino Nano 開發板的開發工具：Sketch IDE 整合開發軟體，攥寫一段程式，如下表所示之藍芽模組(HC-05/HC-06)測試程式一，並將之編譯後上傳到 Arduino 開發板。

表 22 藍芽模組(HC-05/HC-06)

藍芽模組(HC-05/HC-06) (BT_Talk)

```
#include <SoftwareSerial.h>    // 引用程式庫

// 定義連接藍牙模組的序列埠
SoftwareSerial BT(11, 12); // 接收腳, 傳送腳
char val;  // 儲存接收資料的變數

void setup() {
  Serial.begin(9600);   // 與電腦序列埠連線
  Serial.println("BT is ready!");

  // 設定藍牙模組的連線速率
  // 如果是 HC-05，請改成 38400
  BT.begin(9600);
}

void loop() {

  // 若收到藍牙模組的資料，則送到「序列埠監控視窗」
  if (BT.available()) {
    val = BT.read();
    Serial.print(val);
  }

  // 若收到「序列埠監控視窗」的資料，則送到藍牙模組
  if (Serial.available()) {
    val = Serial.read();
    BT.write(val);
  }
}
```

如下圖所示，我們執行後，會出現『BT is ready!』後，在畫面中可以接收到藍芽模組收到的資料，並顯示再監控畫面之中。

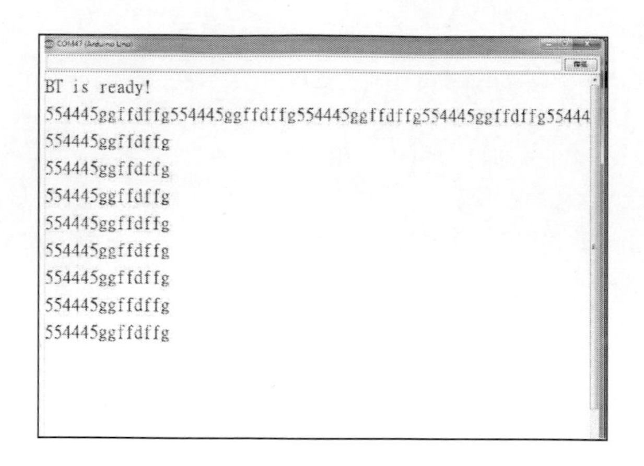

圖 119 Arduino 通訊監控畫面-監控藍芽通訊內容

如下圖所示，我們執行後，會出現『BT is ready!』後，我們再上方文字輸入區中，輸入文字。

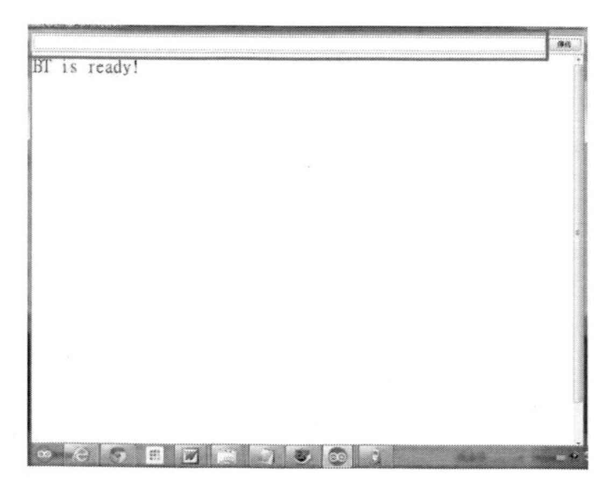

圖 120 Arduino Nano 通訊監控畫面-輸入送出通訊內容字元輸入區

如下圖所示，我們執行後，會出現『BT is ready!』後，我們再上方文字輸入區中，輸入文字，按下右上方的『傳送』鈕，也會把上方文字輸入區中所有文字傳送到藍芽模組配對連接的另一端。

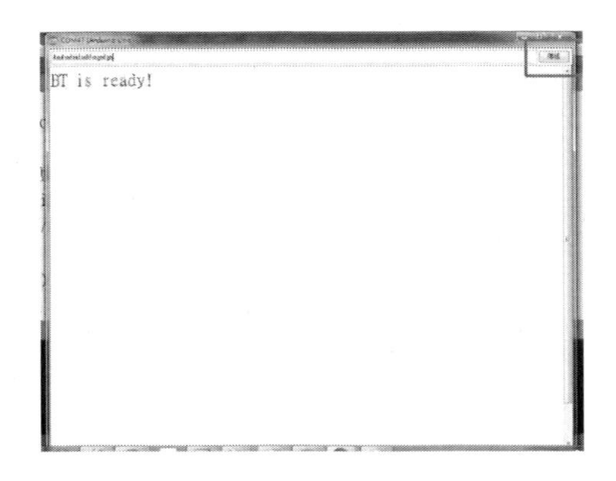

圖 121 Arduino Nano 通訊監控畫面-送出輸入區內容

如下圖所示，我們執行後，藍芽模組配對連接的另一端上圖上方文字輸入區中輸入的文字。

圖 122 BluetoothRC 文字通訊功能主畫面 - 輸入送出文字

如下圖所示，同樣的，我們執行手機、平板上的 Bluetooth RC 應用程式後，再下圖上方文字輸入區中輸入的文字。

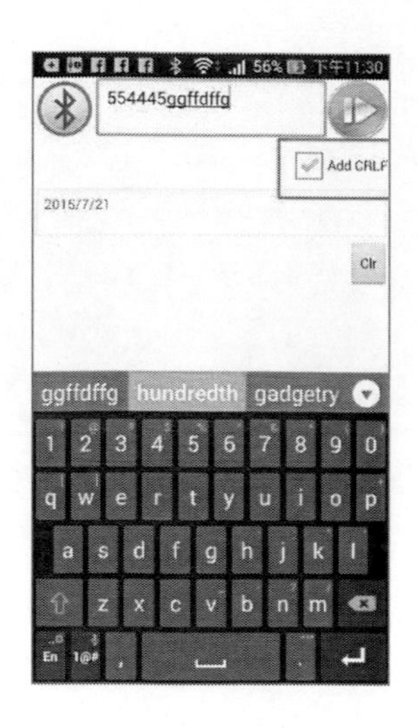

圖 123 BluetoothRC 文字通訊功能主畫面 - 傳送輸入文字(含回行鍵)

如下圖所示，同樣的，Arduino 通訊監控畫面會收到我們執行手機、平板上的 Bluetooth RC 應用程式其中文字輸入區中輸入的文字。

圖 124 Arduino 通訊監控畫面-送出輸入區內容

手機藍芽基本通訊功能開發

由於我們使用 Android 作業系統的手機或平板與 Arduino 開發板的裝置進行控制，由於手機或平板的設計限制，通常無法使用硬體方式連接與通訊，所以本節專門介紹如何在手機、平板上如何使用常見的藍芽通訊來通訊，本節主要介紹 App

Inventor 2 如何建立一個藍芽通訊模組。

首先，如下圖所示，我們在 App Inventor 2 程式模塊編輯畫面之中，開立一個新專案。

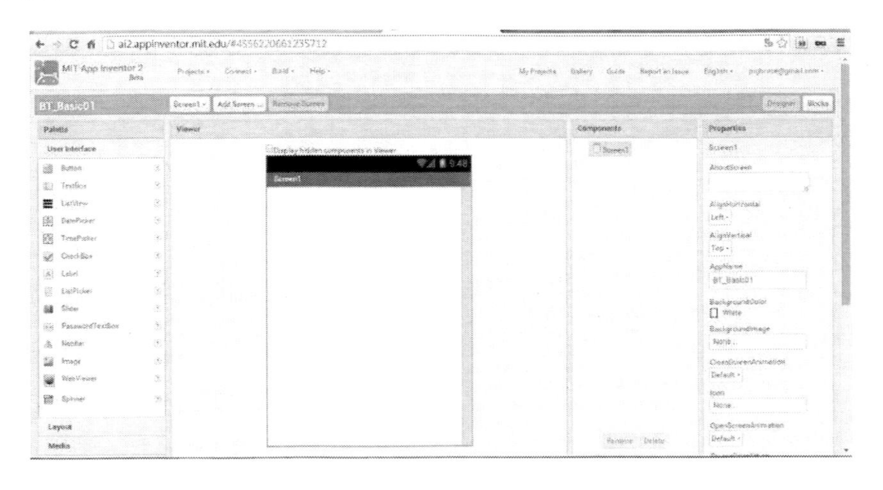

圖 125 建立新專案

首先，如下圖所示，我們在先拉出 VerticalArrangement1。

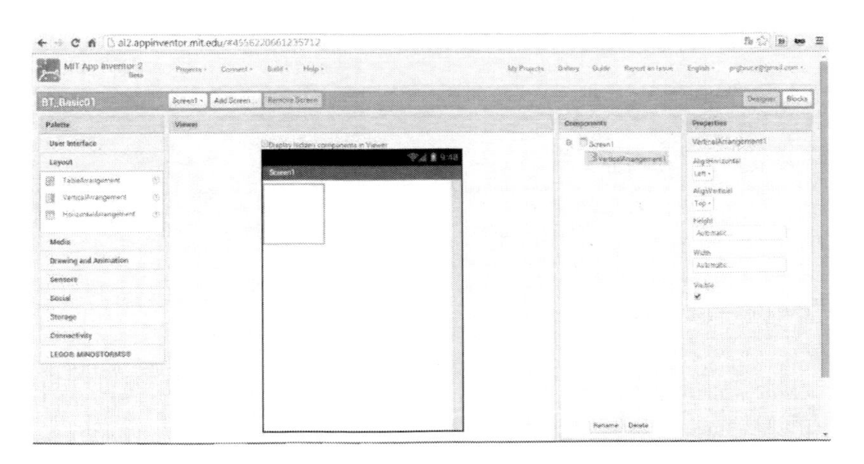

圖 126 拉出 VerticalArrangement1

如下圖所示，我們在拉出第一個 HorizontalArrangement1。

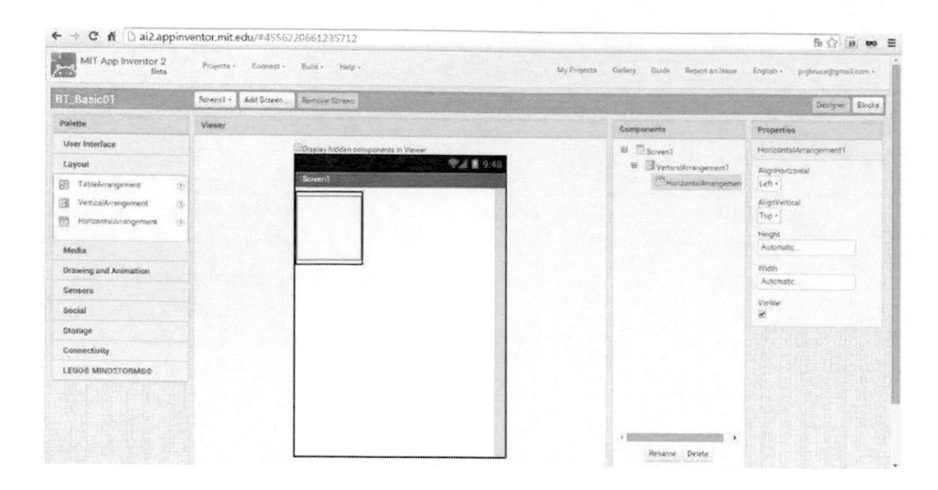

圖 127 拉出第一個 HorizontalArrangement1

如下圖所示，我們在拉出第二個 HorizontalArrangement2。

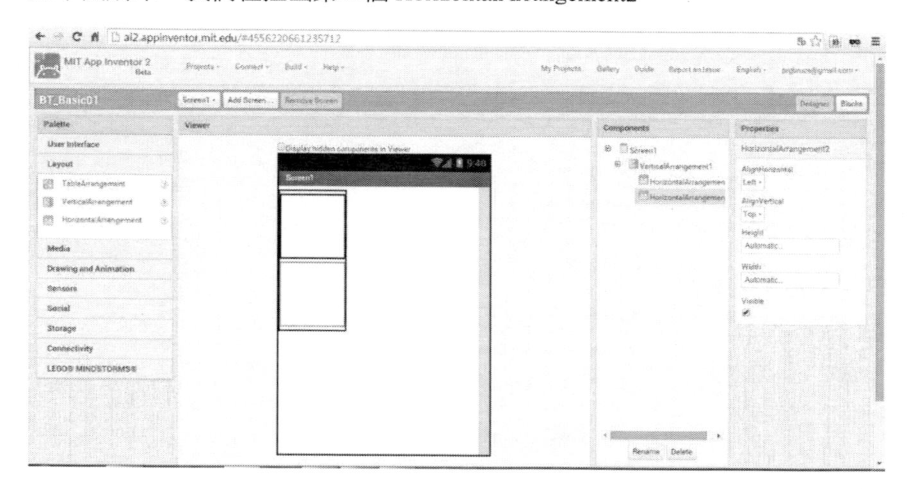

圖 128 拉出第二個 HorizontalArrangement2

如下圖所示，我們在第一個 HorizontalArrangement 內拉出顯示傳輸內容之 Label。

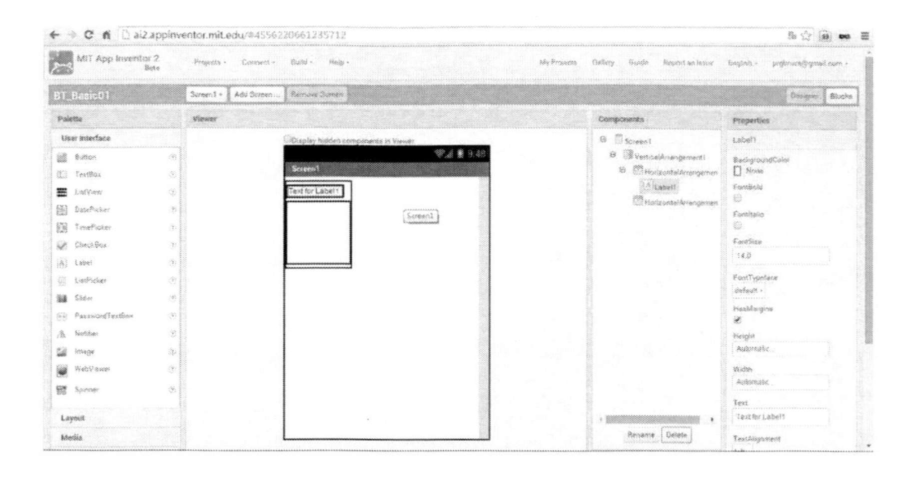

圖 129 拉出顯示傳輸內容之 Label

如下圖所示，我們修改在第一個 HorizontalArrangement 內拉出顯示傳輸內容之 Label 的顯示文字。

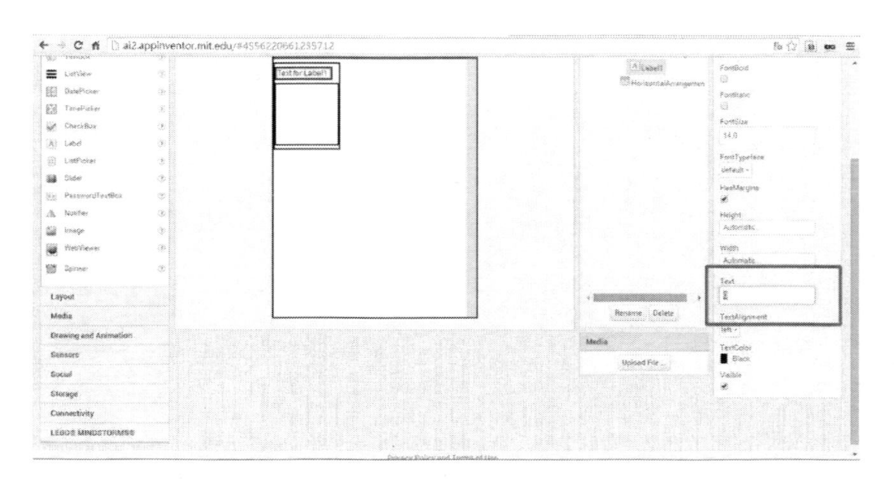

圖 130 修改顯示傳輸內容之 Label 內容值

如下圖所示，我們修改在第二個拉出的 HorizontalArrangement2 內拉出拉出 ListPictker(選藍芽裝置用)。

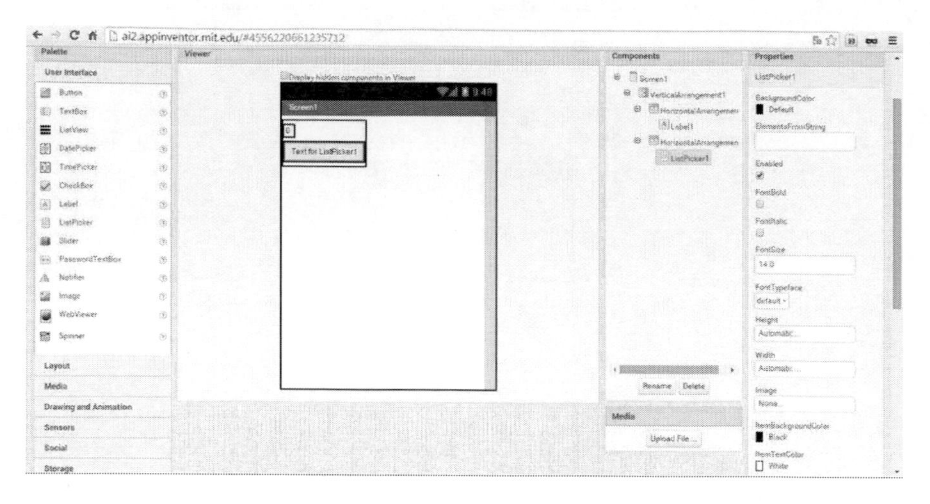

圖 131 拉出 ListPictker(選藍芽裝置用)

如下圖所示，我們修改在第二個拉出的 HorizontalArrangement2 內拉出拉出 ListPictker(選藍芽裝置用)改變其顯示的文字為『Select BT』。

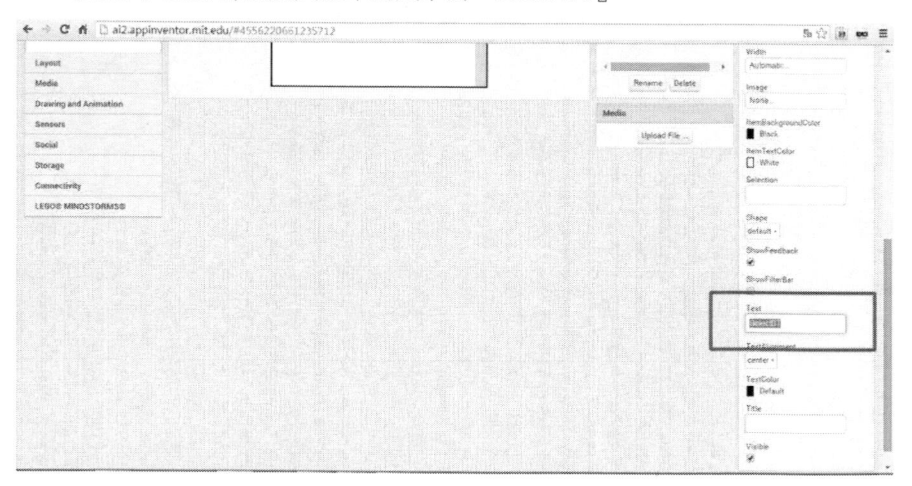

圖 132 修改 ListPictker 顯示名稱

如下圖所示，拉出藍芽 Client 物件。

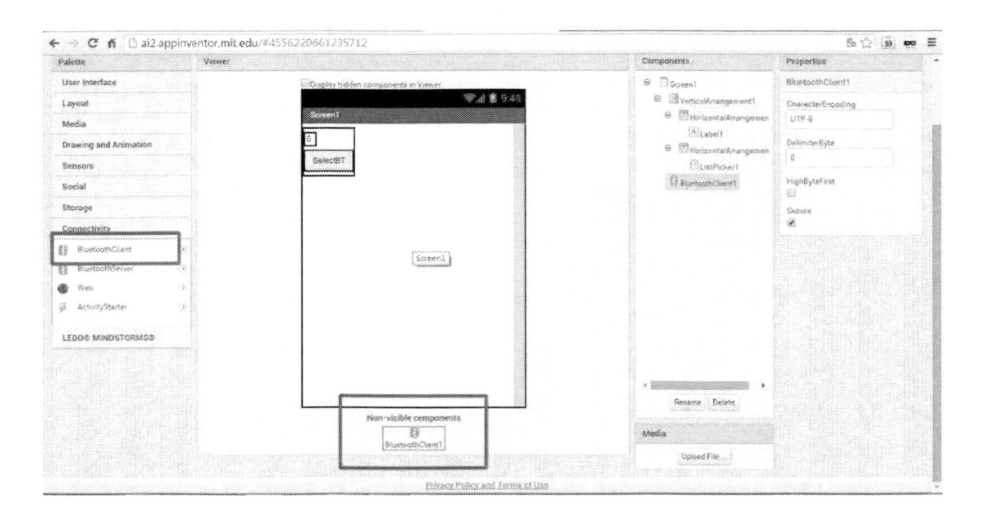

圖 133 拉出藍芽 Client 物件

如下圖所示，拉出驅動藍芽的時間物件。

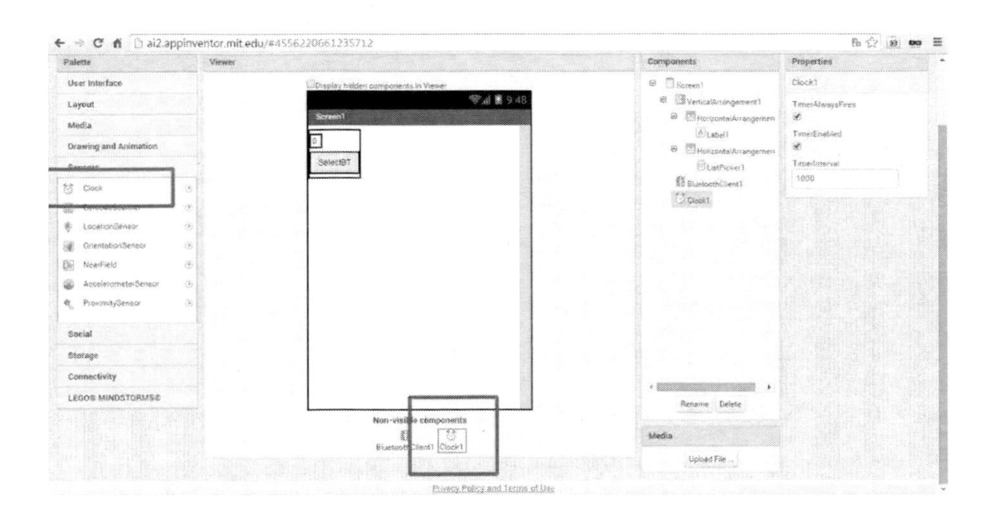

圖 134 拉出驅動藍芽的時間物件

如下圖所示，我們修改拉出驅動藍芽的時間物件的名稱為『BTRun』。

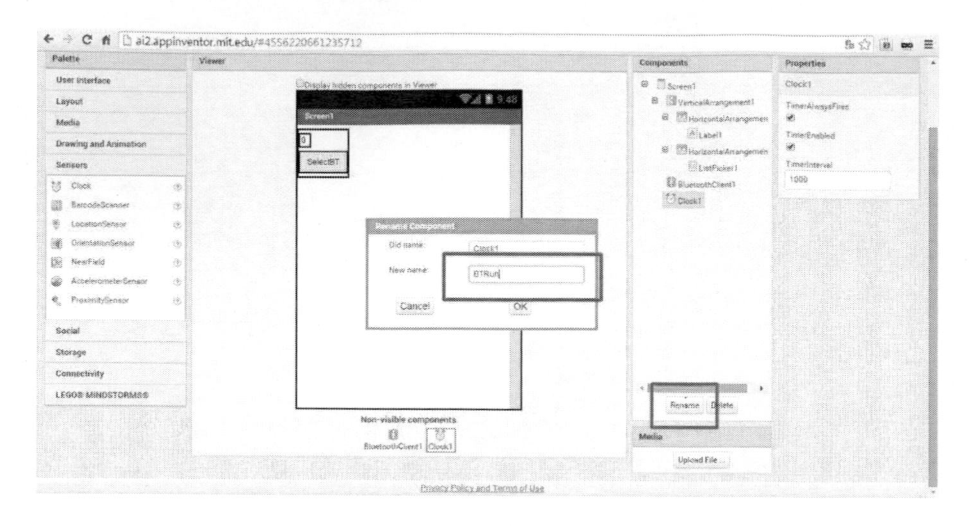

圖 135 修改驅動藍芽的時間物件的名字

如下圖所示，我們為了編修程式，請點選如下圖所示之紅框區『Blocks』按紐。

圖 136 切換程式設計模式

如下圖所示，，下圖所示之紅框區為 App Inventor 2 的程式編輯區。

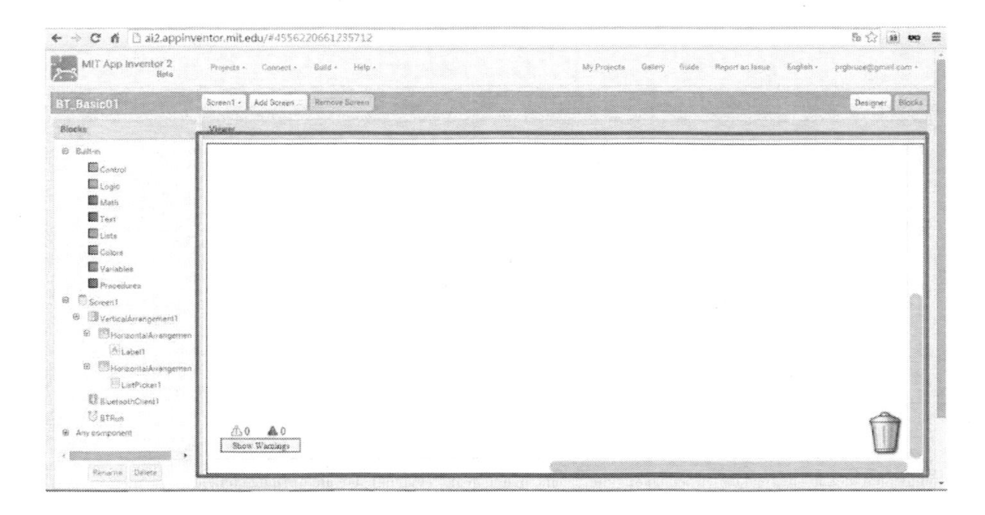

圖 137 程式設計模式主畫面

如下圖所示，我們在 App Inventor 2 的程式編輯區，建立 BTChar 變數。

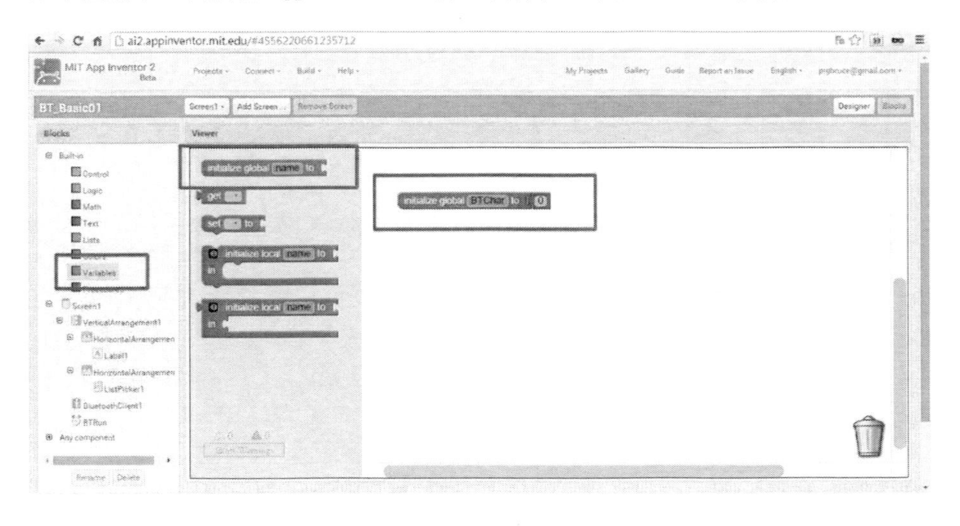

圖 138 建立 BTChar 變數

為了建全的系統，如下圖所示，我們進行系統初始化，在 Screen1.initialize 建立下列敘述。

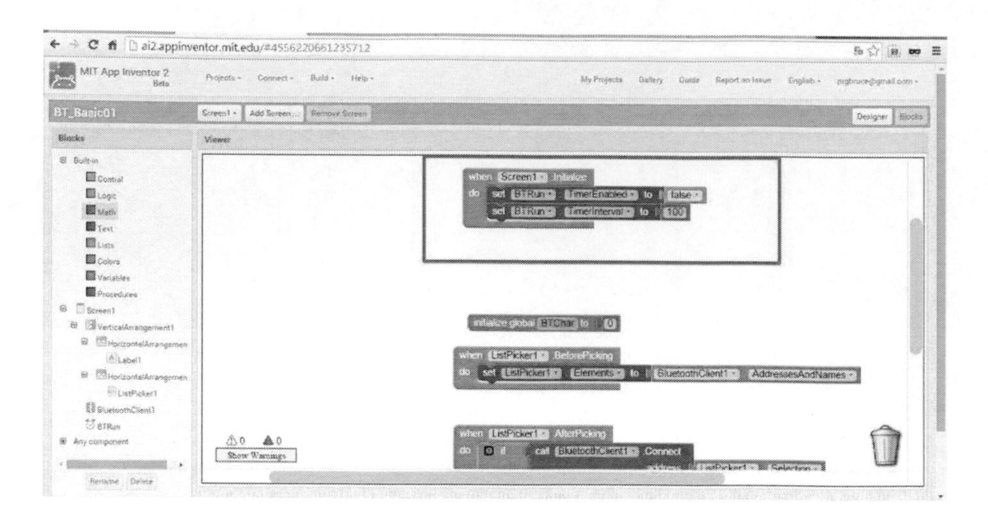

圖 139 系統初始化

首先，在點選藍芽裝置『ListPicker1』下，如下圖所示，我們在ListPicker1.BeforePicking建立下列敘述。

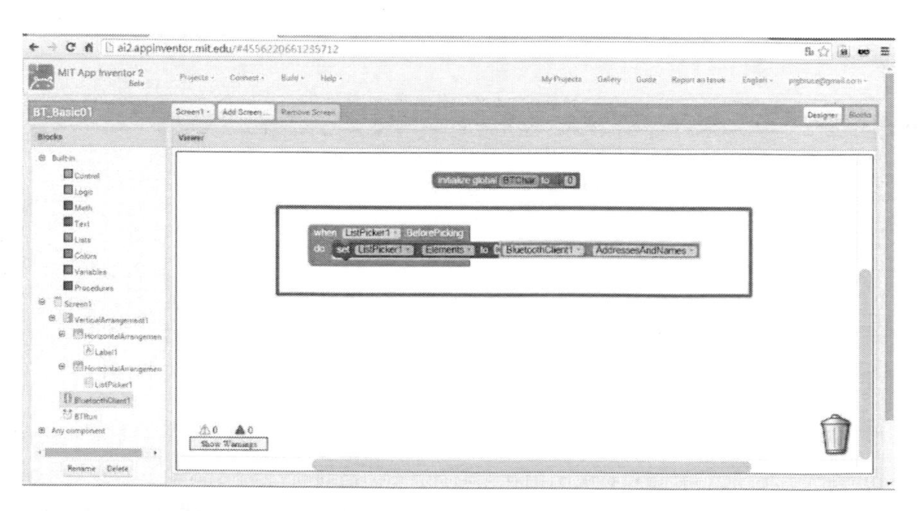

圖 140 將已配對的藍芽資料填入 ListPicker

首先，在點選藍芽裝置『ListPicker1』下，攥寫『判斷選到藍芽裝置後連接選取藍芽裝置』，如下圖所示，我們在 ListPicker1.AfterPicking 建立下列敘述。

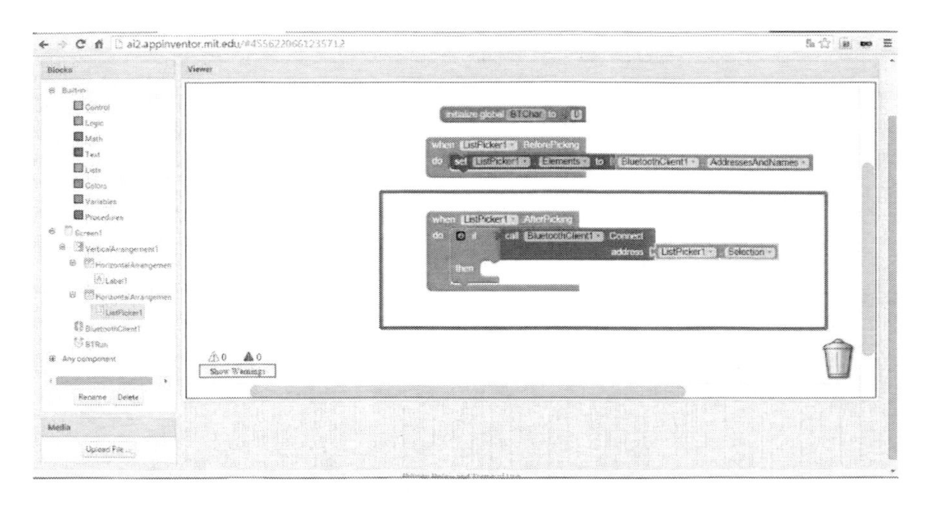

圖 141 判斷選到藍芽裝置後連接選取藍芽裝置

如下圖所示，在點選藍芽裝置『ListPicker1』下，我們在 ListPicker1.AfterPicking 建立下列敘述，因為已經選好藍芽裝智，所以不需要選藍芽裝置『ListPicker1』，所以將它關掉，並開啟藍芽通訊程式所需要的『BTRun』時間物件 。

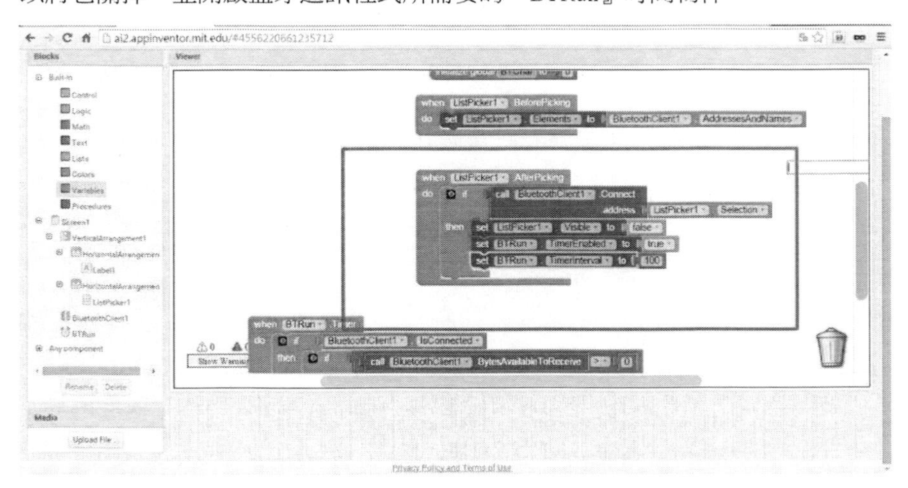

圖 142 連接藍芽後將 ListPickere 關掉

如下圖所示，在藍芽通訊程式所需要的『BTRun』時間物件下，我們為了確定藍芽已完整建立通訊，先行判斷是否藍芽已完整建立通訊。

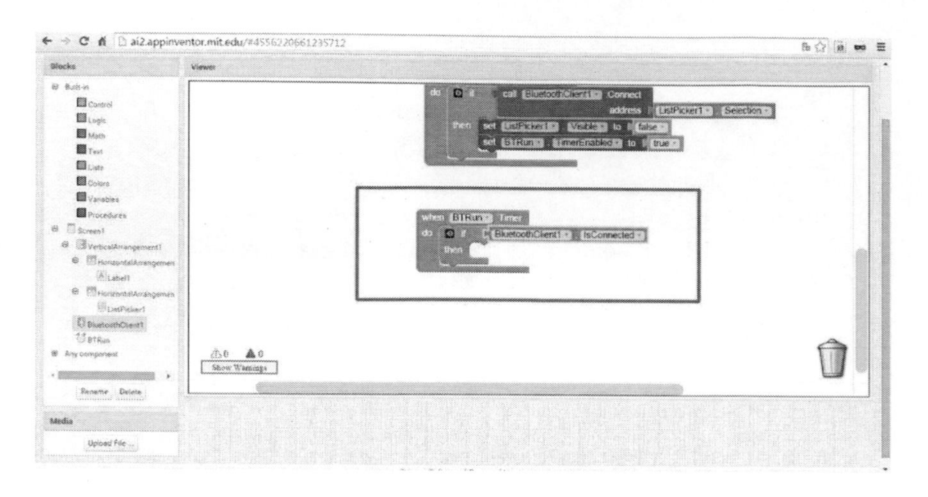

圖 143 定時驅動藍芽-判斷是否藍芽連線中

如下圖所示，在藍芽通訊程式所需要的『BTRun』時間物件下，如果藍芽已完整建立通訊，再判斷判斷是否藍芽有資料傳入。

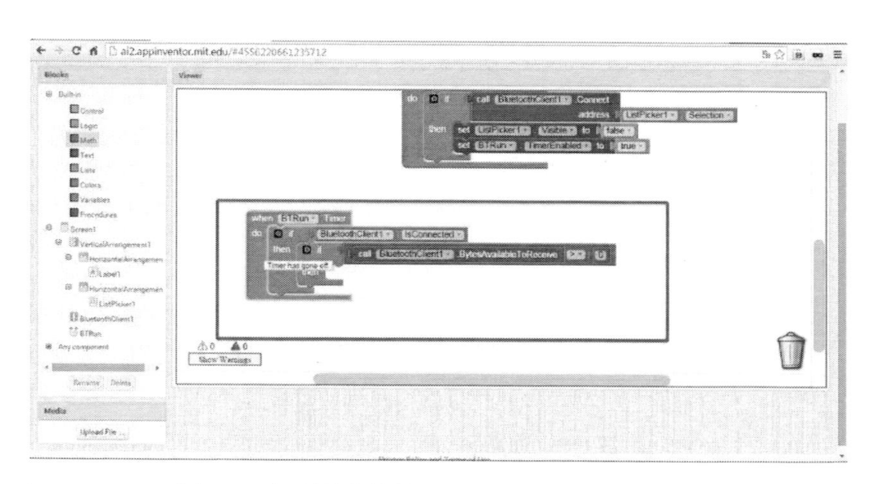

圖 144 定時驅動藍芽-判斷是否藍芽有資料傳入

如下圖所示，在藍芽通訊程式所需要的『BTRun』時間物件下，如果藍芽已完整建立通訊，再判斷判斷是否藍芽有資料傳入，再將此資料存入『BTChar』變數裡面。

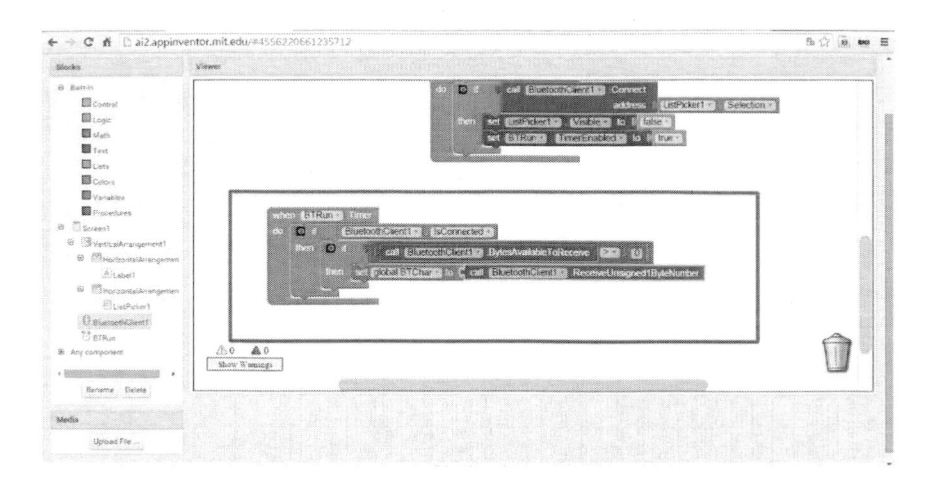

圖 145 定時驅動藍芽-讀出藍芽資料送入變數

如下圖所示，再將『BTChar』變數顯示在畫面的 Label1 的 Text 上。

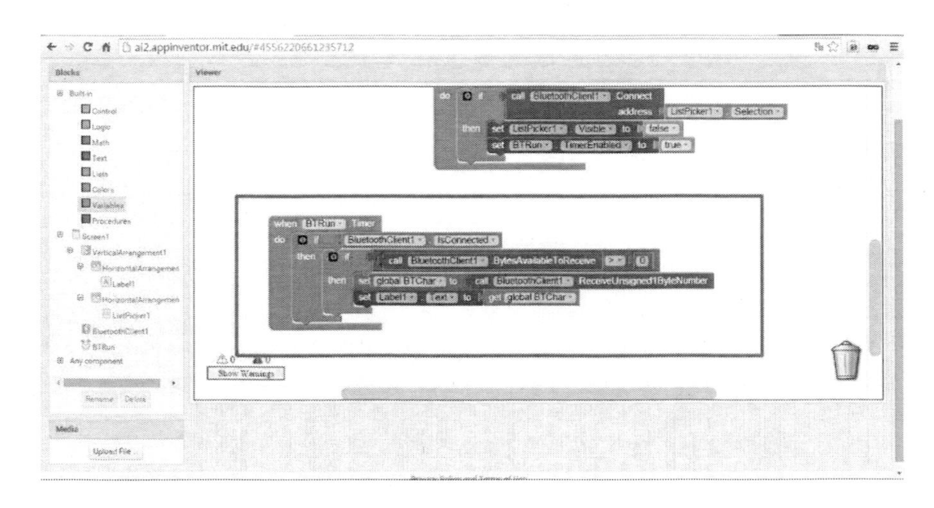

圖 146 定時驅動藍芽-顯示藍芽資料到 Label 物件

首先，如下圖所示，我們在 App Inventor 2 程式模塊編輯畫面之中，在『Connect』的選單下，選取 AICompanion。

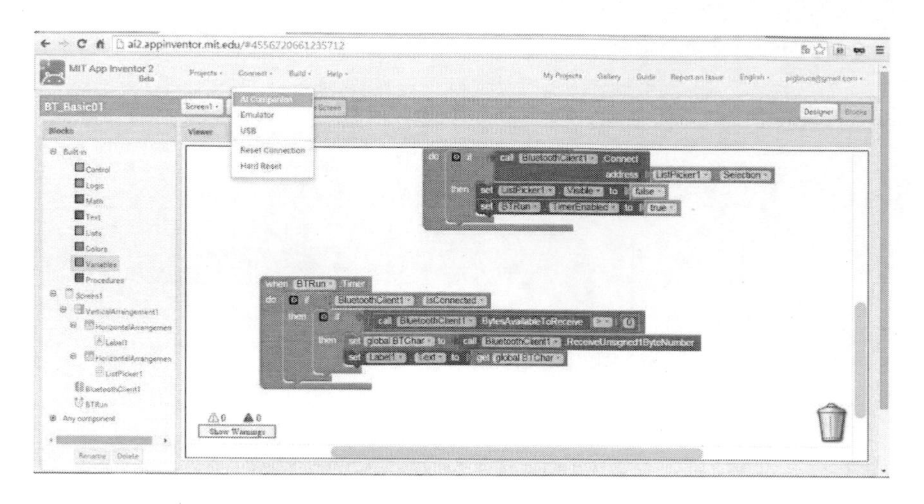

圖 147 啟動手機測試功能

如下圖所示，系統會出現一個 QR Code 的畫面。

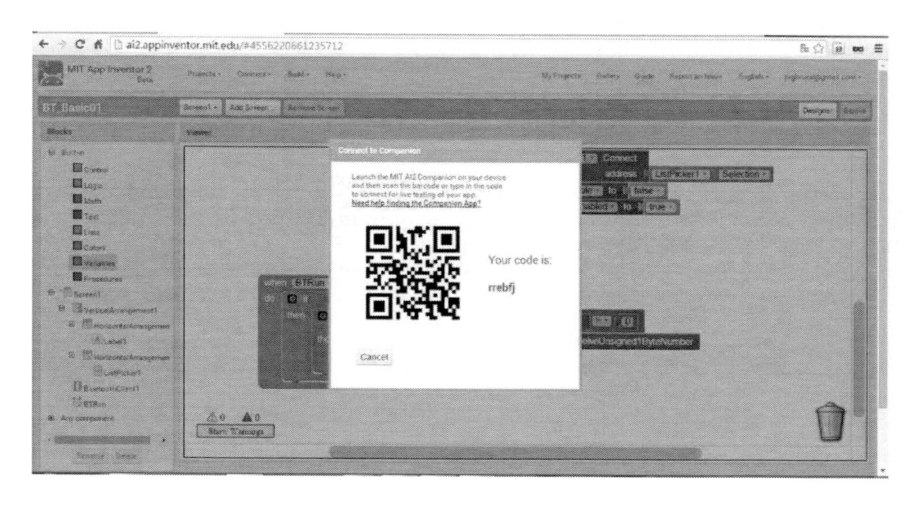

圖 148 手機 QRCODE

如下圖所示，我們在使用 Android 的手機、平板，執行已安裝好的『MIT App Inventor 2 Companion』，點選之後進入如下圖。

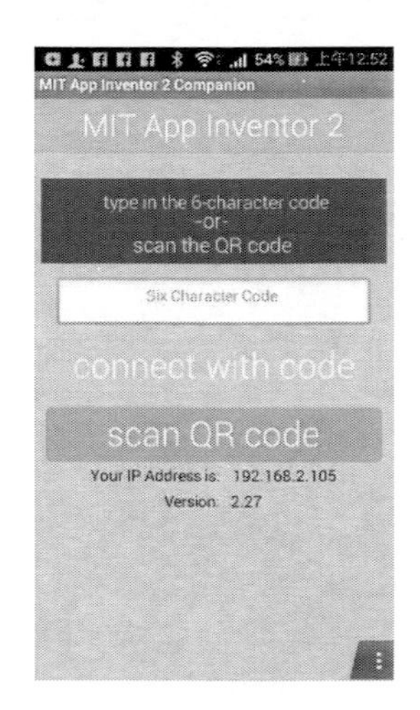

圖 149 啟動 MIT_AI2_Companion

如下圖所示，我們在選擇『scan QR code，點選之後進入如下圖。

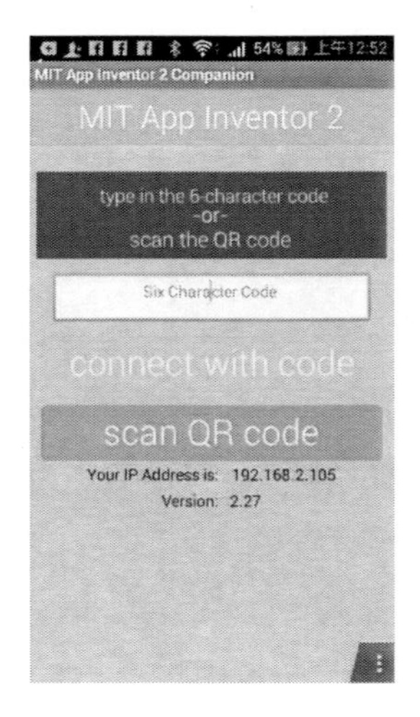

圖 150 掃描 QRCode

如下圖所示，手機會啟動掃描 QR code 的程式功能，這時後只要將手機、平板的 Camera 鏡頭描準畫面的 QR Code 就可以了。

圖 151 掃描 QRCodeing

如下圖所示，如果手機會啟動掃描 QR code 成功的話，系統會回傳 QR Code 碼到如下圖所示的紅框之中。

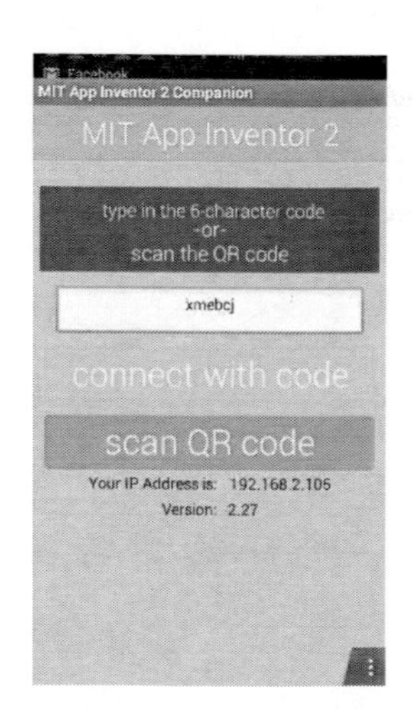

圖 152 取得 QR 程式碼

如下圖所示，我們點選如下圖所示的紅框之中的『connect with code』，就可以進入測試程式區。

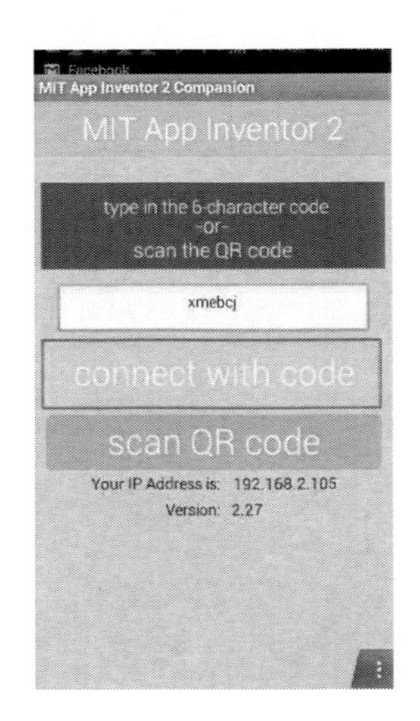

圖 153 執行程式

如下圖所示，如果程式沒有問題，我們就可以成功進入測試程式的主畫面。

圖 154 執行程式主畫面

如下圖所示，我們先選擇『SelectBT』來選擇藍芽裝置。

圖 155 選藍芽裝置

如下圖所示，會出現手機、平板中已經配對好的藍芽裝置。

圖 156 顯示藍芽裝置

如下圖所示，我們可以選擇手機、平板中已經配對好的藍芽裝置。

圖 157 選取藍芽裝置

如下圖所示，如果藍芽配對成功，可以正確連接您選擇的藍芽裝置，則會進入通訊模式的主畫面，可以接收配對藍芽裝置傳輸的資料，並顯示在上面。

圖 158 接收藍芽資料顯示中

如何執行 AppInventor 程式

由於我們寫好 App Inventor 2 程式後，都必需先使用 Android 作業系統的手機或平板進行測試程式，所以本節專門介紹如何在手機、平板上測試 APPs 的程式。

首先，如下圖所示，我們在 App Inventor 2 程式模塊編輯畫面之中，在『Connect』的選單下，選取 AICompanion。

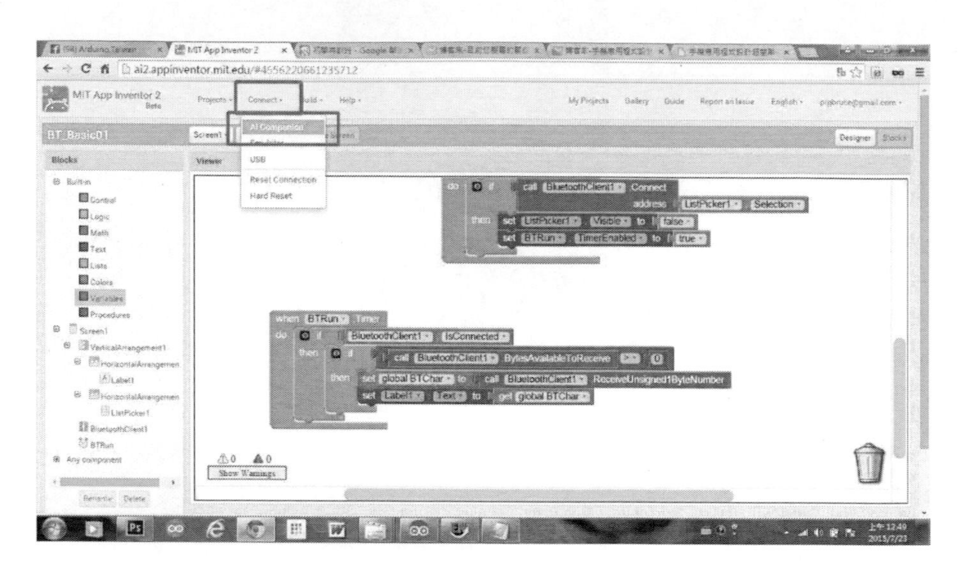

圖 159 啟動手機測試功能

如下圖所示，系統會出現一個 QR Code 的畫面。

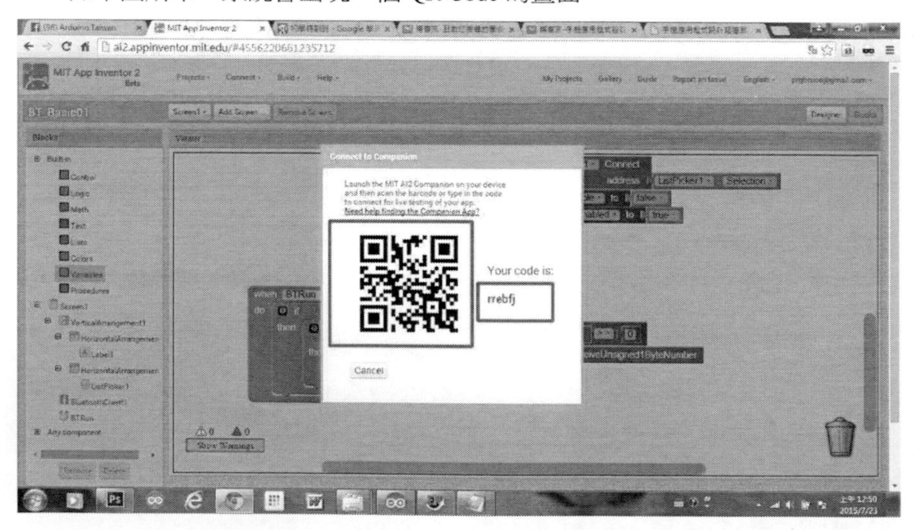

圖 160 手機 QRCODE

如下圖所示，我們在使用 Android 的手機、平板，執行已安裝好的『MIT App Inventor 2 Companion』，點選之後進入如下圖。

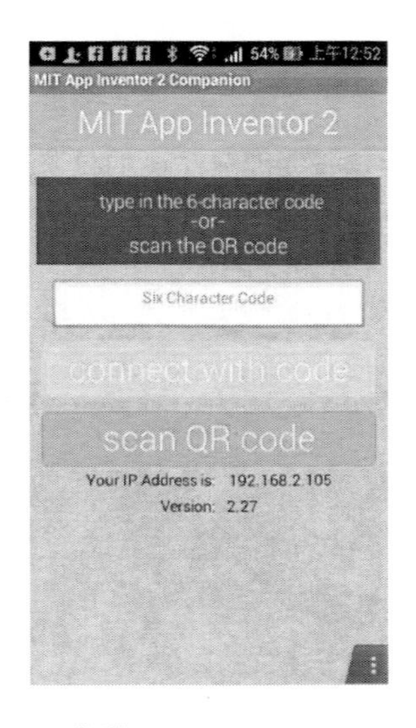

圖 161 啟動 MIT_AI2_Companion

如下圖所示，我們在選擇『scan QR code，點選之後進入如下圖。

圖 162 掃描 QRCode

如下圖所示，手機會啟動掃描 QR code 的程式功能，這時後只要將手機、平板的 Camera 鏡頭描準畫面的 QR Code 就可以了。

圖 163 掃描 QRCodeing

如下圖所示，如果手機會啟動掃描 QR code 成功的話，系統會回傳 QR Code 碼到如下圖所示的紅框之中。

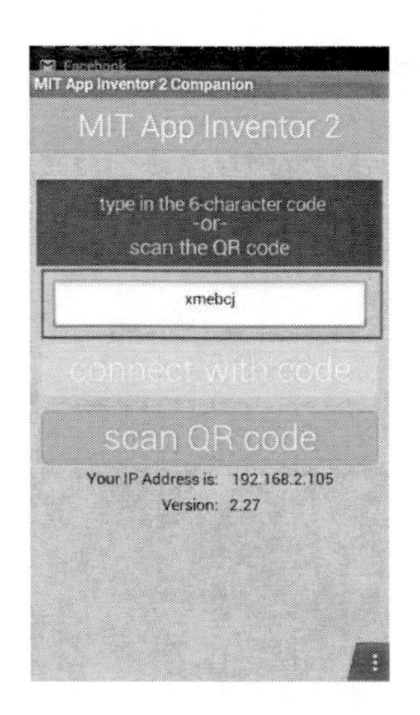

圖 164 取得 QR 程式碼

如下圖所示，我們點選如下圖所示的紅框之中的『connect with code』，就可以進入測試程式區。

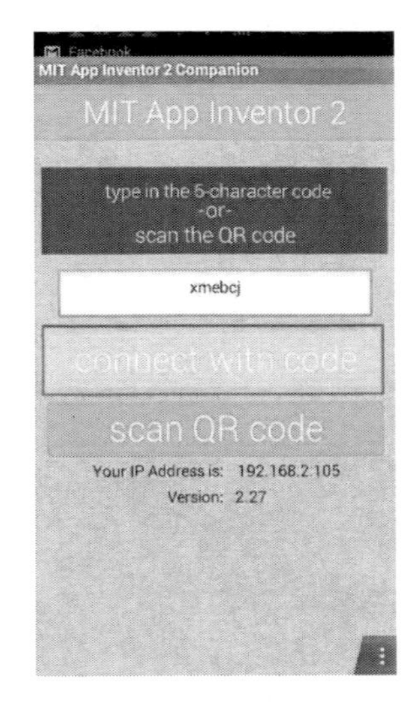

圖 165 執行程式

如下圖所示，如果程式沒有問題，我們就可以成功進入測試程式的主畫面。

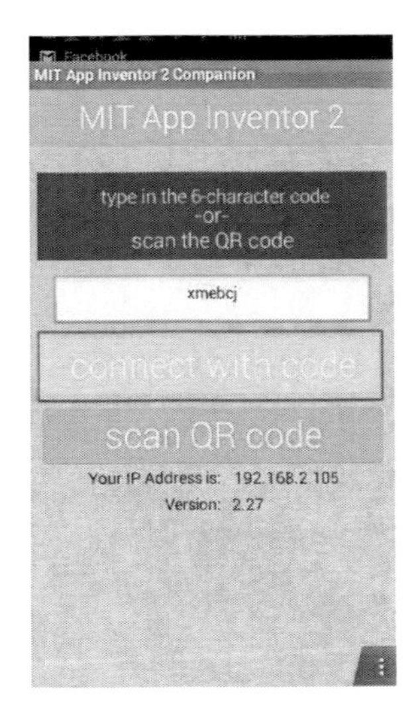

圖 166 執行程式主畫面

章節小結

本章主要介紹使用手機、平板常會用的開發模組，並整合 Arduino Nano 開發板進行藍芽模組的通訊，先讓讀者透過本章熟悉這些模組的設計與基本用法，在往下的章節才能更快實做出我們的實驗。

CHAPTER

氣氛燈泡外殼組裝

本章節主要介紹，我們將整個電路，組立再一樣的 LED 家用燈泡外殼之中，為本章的重點。

LED 燈泡外殼

如下圖所示，我們可以看到市售常見的 LED 燈泡，我們要將整個藍芽控制氣氛燈的電路，裝載在燈泡內部，並且透過市電 110V 或 220V 的交流電，供電給整個藍芽控制氣氛燈的電力。

圖 167 市售 LED 燈泡

如下圖所示，我們可以看到市售常見的 LED 燈泡，將燈泡插在一般的 E27 燈座上，並插在市電 110V 或 220V 的交流電插座上，便可以供電給整個藍芽控制氣氛燈足夠的電力。

圖 168 LED 燈泡與燈座

E27 金屬燈座殼

為了透過市電 110V 或 220V 的交流電的插座，我們必須要有上圖所示之 E27 燈座，為了這個 E27 燈座，如下圖所示，我們準備 E27 金屬燈座殼零件。

圖 169 E27 金屬燈座零件

如下圖所示，我們將 E27 金屬燈座殼進行組立。

圖 170 E27 金屬燈座零件

接出 E27 金屬燈座殼電力線

為了透過市電 110V 或 220V 的交流電的插座，我們必須要有上圖所示之 E27 燈座，而這個 E27 燈座必須連接到電路，如下圖所示，我們必須將 E27 金屬燈座殼零件連接上兩條 AC 交流的電線，讓市電 110V 或 220V 的交流電的插座的電力可以傳送到變壓器。

圖 171 接出 E27 金屬燈座殼電力線

準備 AC 交流轉 DC 直流變壓器

為了將市電 110V 或 220V 的交流電轉換成電路所需要的 DC 5V 的直流電，如下圖所示，我們準備 AC 交流轉 DC 直流變壓器。

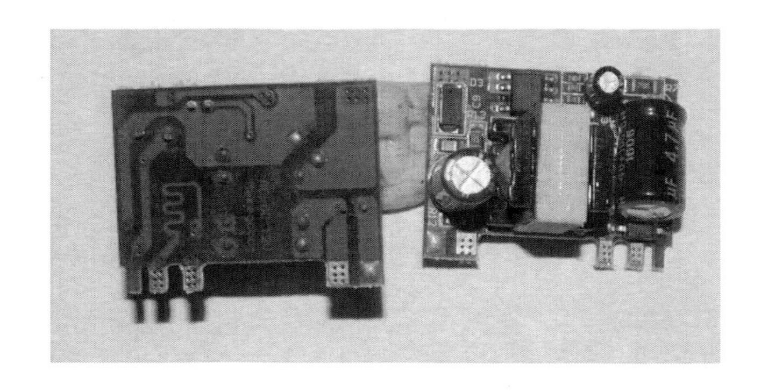

圖 172 變壓器電源模組

如下圖所示，我們可以見到變壓器電源模組的接腳電路圖。

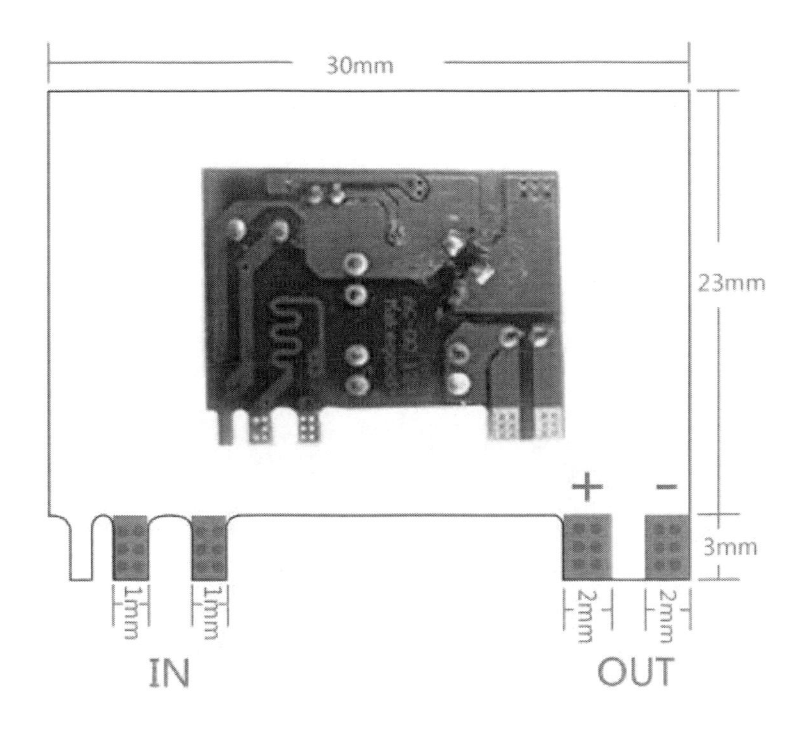

圖 173 變壓器電源模組的接腳電路圖

連接 AC 交流轉 DC 直流變壓器

如下圖所示，我們連接 AC 交流轉 DC 直流變壓器接到 E27 金屬燈座殼電力線，完成 AC 交流轉 DC 直流變壓器之 AC 交流輸入端。

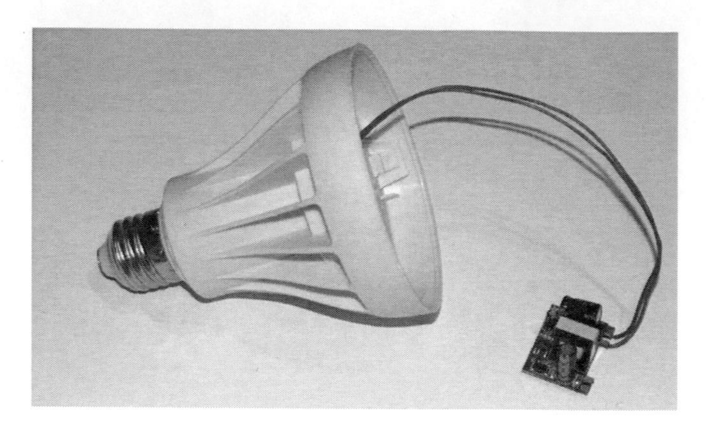

圖 174 連接 AC 交流轉 DC 直流變壓器

連接 DC 輸出

如下圖所示，我們連接 AC 交流轉 DC 直流變壓器之 DC 輸出到兩條公頭的杜邦線上。

圖 175 連接 DC 輸出

放入 AC 交流轉 DC 直流變壓器於燈泡內

如下圖所示，我們連接 AC 交流轉 DC 直流變壓器放入 AC 交流轉 DC 直流變壓器於燈泡內。

圖 176 放入 AC 交流轉 DC 直流變壓器於燈泡內

如下圖所示，可見到變壓器電源裝入燈泡側視圖。

圖 177 變壓器電源裝入燈泡側視圖

準備 WS2812B 彩色燈泡模組

如下圖所示，準備 WS2812B 彩色燈泡模組。

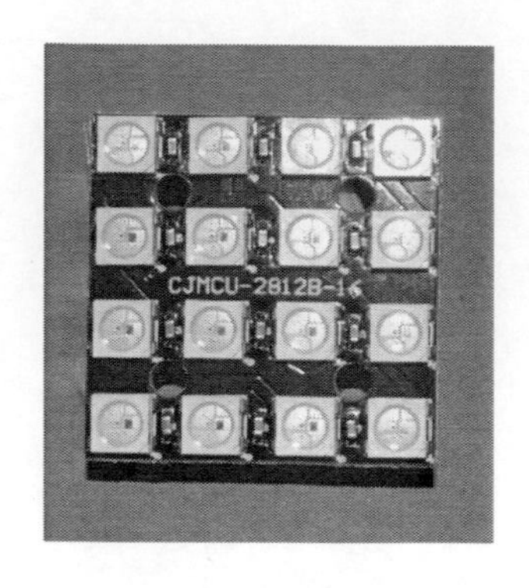

圖 178 WS2812B 彩色燈泡模組

如下圖所示，我們可以看到 WS2812B 彩色燈泡模組的背面接腳。

圖 179 翻開 WS2812B 全彩燈泡模組背面

WS2812B 彩色燈泡模組電路連接

如下圖所示，我們看到 WS2812B 彩色燈泡模組的背面接腳中，我們看到下圖所示之右邊紅框處，可以看到電路輸入端：VCC 與 GND，另外為資料輸入端:IN(Data In)。

圖 180 找到 WS2812B 全彩燈泡模組背面需要焊接腳位

如下圖所示，我們使用三條一公一母的杜邦縣，將公頭一端減斷，連接到 WS2812B 彩色燈泡模組: 電路輸入端：VCC 與 GND，另外為資料輸入端:IN(Data In)，並將三條公頭一端的線露出如下圖所示。

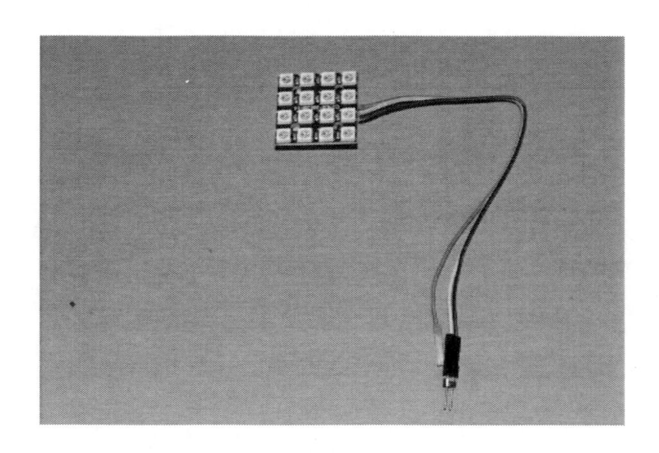

圖 181 焊接好之 WS2812B 全彩燈泡模組

讀者可以參考下圖所示之控制 WS2812B 全彩燈泡模組連接電路圖，進行電路組立。

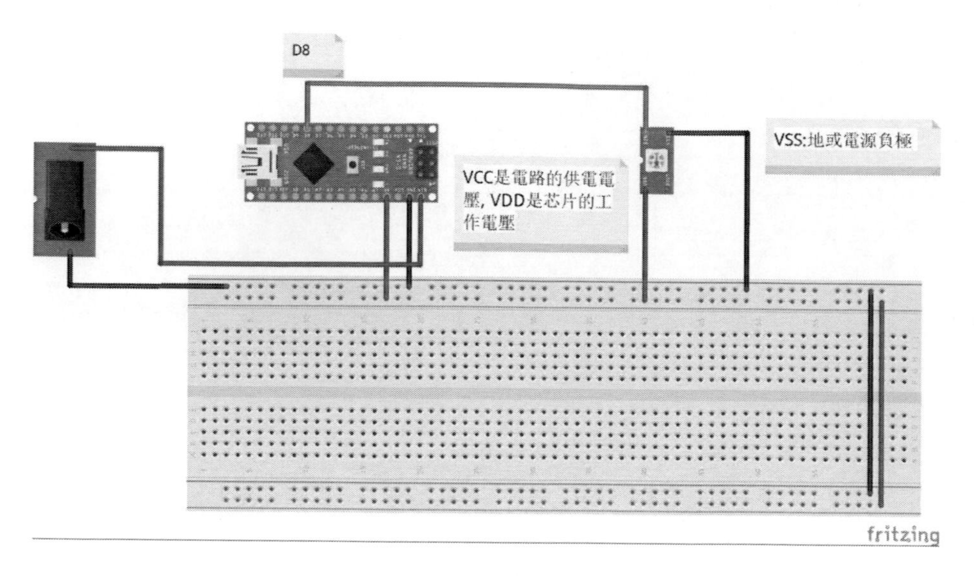

圖 182 控制 WS2812B 全彩燈泡模組連接電路圖

讀者也可以參考下表之 WS2812B 全彩燈泡模組接腳表，進行電路組立。

表 23 控制 WS2812B 全彩燈泡模組接腳表

接腳	接腳說明	開發板接腳
1	麵包板 Vcc(紅線)	接電源正極(5V)
2	麵包板 GND(藍線)	接電源負極
3	Data In(IN)	開發板 digitalPin 8(D8)
GND VCC OUT GND / GND VCC IN GND / CJMCU-2812B-16		

藍芽模組電路連接

如下圖所示，我們看到藍芽模組。

圖 183 藍芽模組

讀者可以參考下圖所示之透過藍芽控制全彩 LED 接電路圖，進行電路組立。

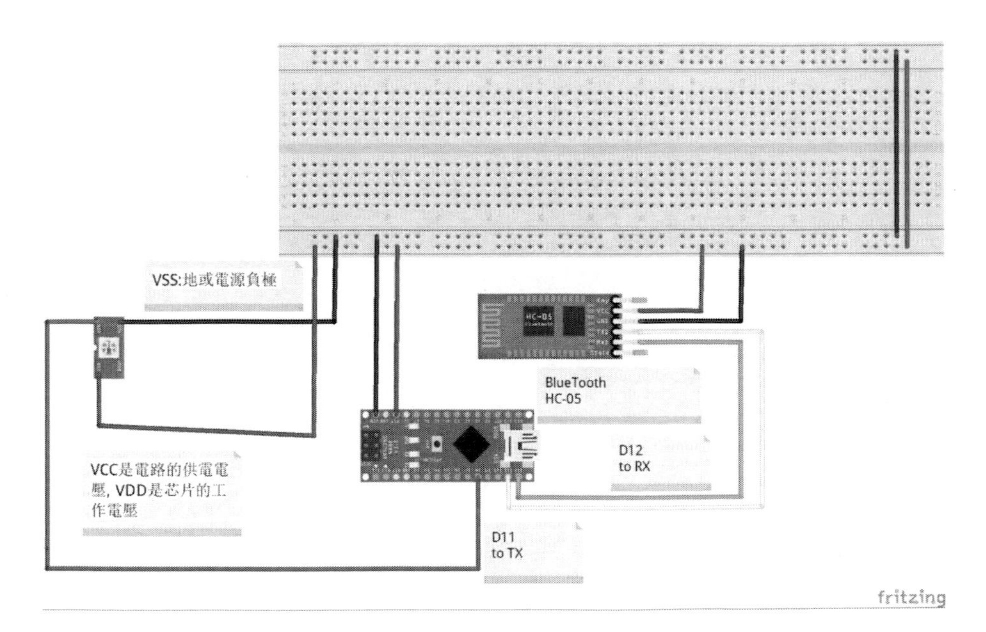

圖 184 透過藍芽控制 WS2812B 全彩燈泡模組電路圖

讀者也可以參考下表之透過藍芽控制全彩 LED 接腳表，進行電路組立。

表 24 透過藍芽控制全彩 LED 接腳表

接腳	接腳說明	開發板接腳
1	麵包板 Vcc(紅線)	接電源正極(5V)
2	麵包板 GND(藍線)	接電源負極
3	Data In(DI)	開發板 digitalPin 8(D8)

接腳	接腳說明	接腳名稱
1	Ground (0V)	接電源正極(5V)
2	Supply voltage; 5V (4.7V － 5.3V)	接電源負極
3	TXD	開發板 digital Pin 11
4	RXD	開發板 digital Pin 12

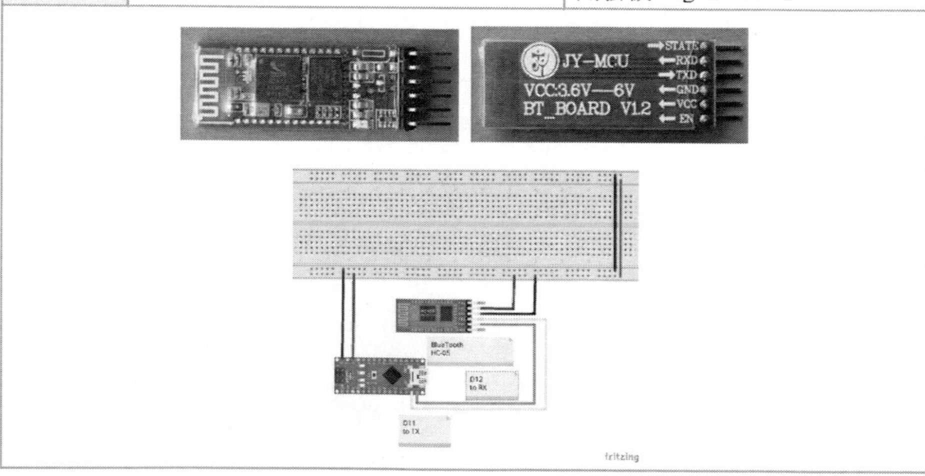

藍芽模組置入燈泡

如下圖所示，我們將連接好電路的藍芽模組，將藍芽模組置入燈泡內，靠近 AC 轉 DC 變壓器之中，切記，不可以靠太近，以免電路短路。

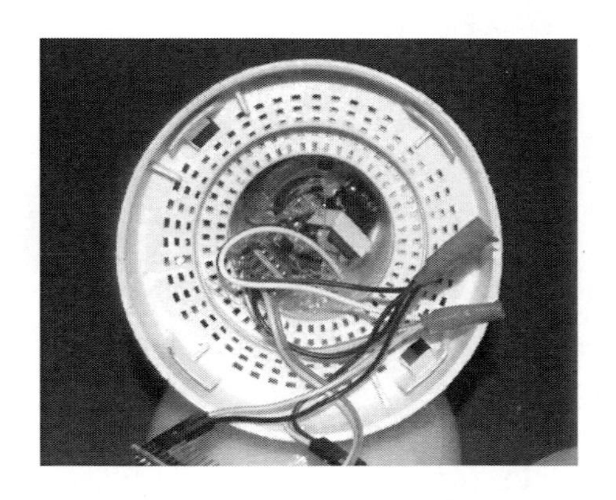

圖 185 藍芽模組置入燈泡

Nano 開發板置入燈泡

如下圖所示，我們將連接好電路的 Nano 開發板，將 Nano 開發板置入燈泡，必須在 AC 轉 DC 變壓器與藍芽模組之上，切記，不可以靠太近，以免電路短路。

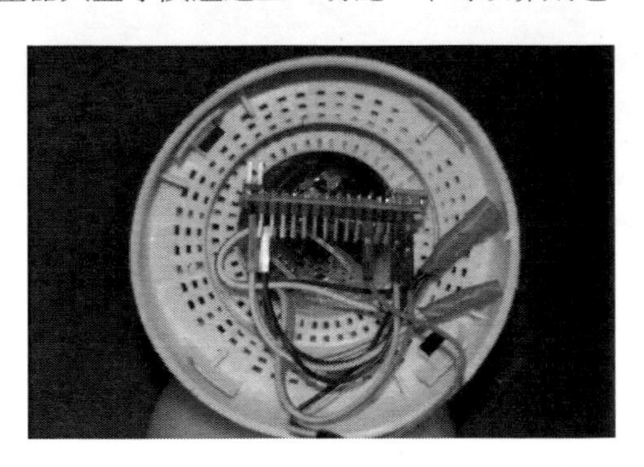

圖 186 Nano 開發板置入燈泡

準備燈泡隔板

如下圖所示，為了可以固定 WS2812B 彩色燈泡模組，我們取出厚紙板當作隔板。

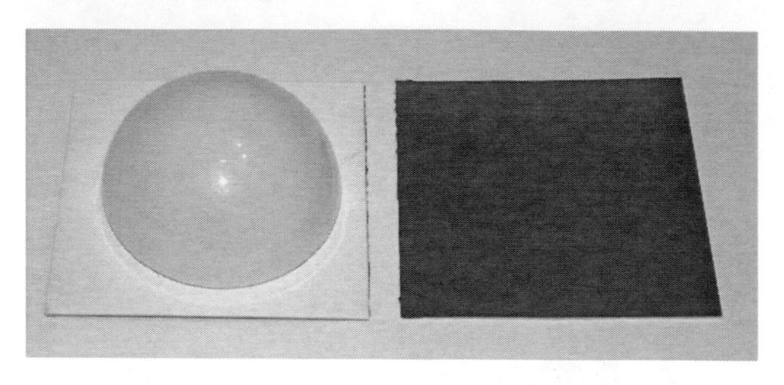

圖 187 準備燈泡隔板

裁減燈泡隔板

如下圖所示，我們將厚紙板隔板，根據燈殼上蓋與下殼大小，剪裁如圓形一般，大小剛剛好可以置入燈泡內。

圖 188 裁減燈泡隔板

WS2812B 彩色燈泡模組黏上隔板

如下圖所示，我們將 WS2812B 彩色燈泡模組至於厚紙板隔板正上方(以圓心為中心)，用熱熔膠將 WS2812B 彩色燈泡模組固定於厚紙板隔板正上方。

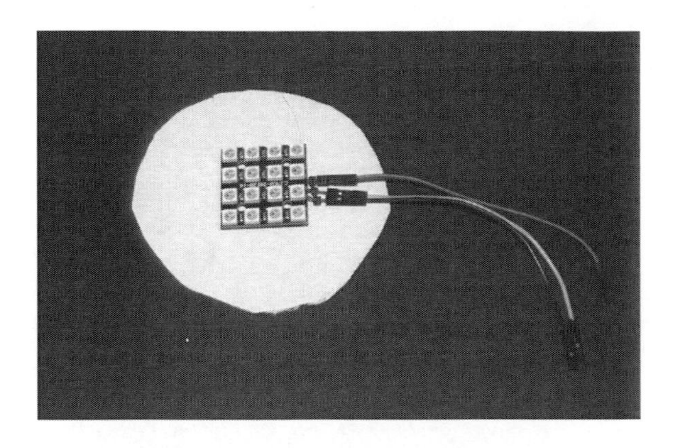

圖 189 WS2812B 彩色燈泡模組黏上隔板

WS2812B 彩色燈泡隔板放置燈泡上

如下圖所示，我們將裝置好 WS2812B 彩色燈泡模組的厚紙板隔板，放置燈泡下殼上方，請注意，大小要能塞入燈殼，並不影響上蓋卡入。

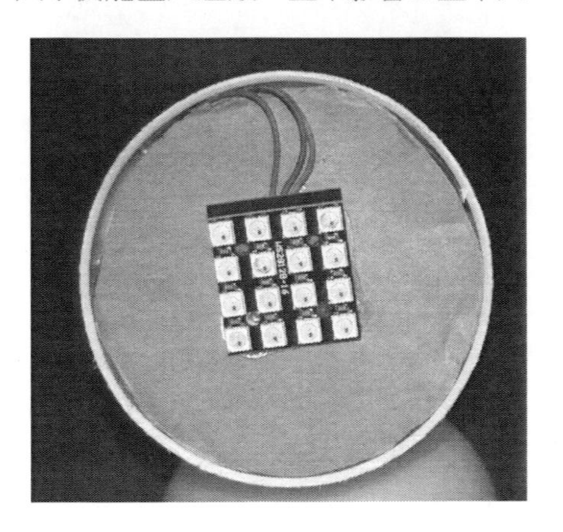

圖 190 WS2812B 彩色燈泡隔板放置燈泡上

蓋上燈泡上蓋

如下圖所示，我們將燈泡上蓋蓋上，請注意必須要卡住燈泡下殼之卡榫。

圖 191 蓋上燈泡上蓋

完成組立

如下圖所示，我們將藍芽氣氛燈泡完成組立。

圖 192 完成組立

燈泡放置燈座與插上電源

如下圖所示，我們將組立好的藍芽氣氛燈泡，旋入 E27 燈座之上，並將 E27 燈座插入 AC 市電插座之上，並將開關打開，準備測試。

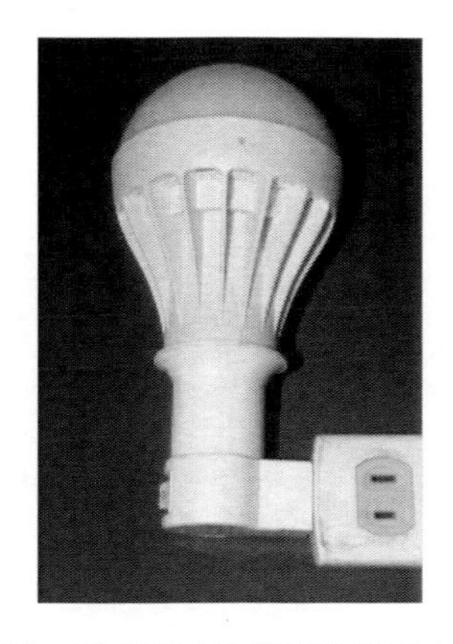

圖 193 燈泡放置燈座與插上電源

軟體下載

如下圖所示，我們看到可以到 Google Play 商店，用關鍵字『藍芽控制氣氛燈』搜尋，可以找到下圖所示之 APPs 。

圖 194 Googleplay 商店之藍芽控制氣氛燈

讀者也可以用下列網址：

https://play.google.com/store/apps/details?id=appinventor.ai_prgbruce.APPControlRGBLed2WS2812B ，找到 Googleplay 商店之藍芽控制氣氛燈。

讀者也可以用 QrCode Scaner 掃描下列圖檔，找到 Googleplay 商店之藍芽控制氣氛燈。

圖 195 藍芽控制氣氛燈 QrCode

讀者也可以用下列網址：https://www.cs.pu.edu.tw/~yctsao/Bulb20170429.php ，在筆者的個人網站找到之藍芽控制氣氛燈。

讀者也可以用 QrCode Scaner 掃描下列圖檔，找到筆者的個人網站找到之藍芽控制氣氛燈。

圖 196 個人網站之藍芽控制氣氛燈 QrCode

軟體安裝

如下圖所示，我們看到可以到 Google Play 商店，用關鍵字『藍芽控制氣氛燈』

搜尋，可以找到下圖所示之 APPs 。

圖 197 藍芽控制氣氛燈

為了執行藍芽控制氣氛燈之應用程式，我們需要先行設定藍芽。

手機安裝藍芽裝置

如下圖所示，一般手機、平板的主畫面或程式集中可以選到『設定：Setup』。

圖 198 手機主畫面

如下圖所示，點入『設定：Setup』之後，可以到『設定：Setup』的主畫面，，如您的手機、平板的藍芽裝置未打開，請將藍芽裝置開啟。

圖 199 設定主畫面

如下圖所示，開啟藍芽裝置之後，可以看到目前可以使用的藍芽裝置。

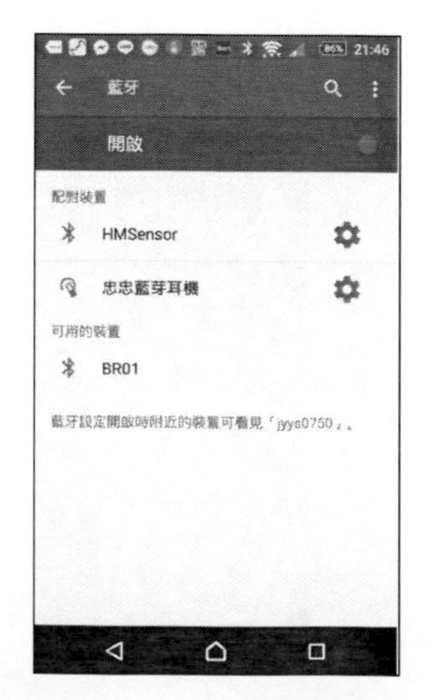

圖 200 目前已連接藍芽畫面

如下圖所示，我們要將我們要新增的藍芽裝置加入手機、平板之中， 請點選下圖紅框處：搜尋裝置，方能增加新的藍牙裝置。

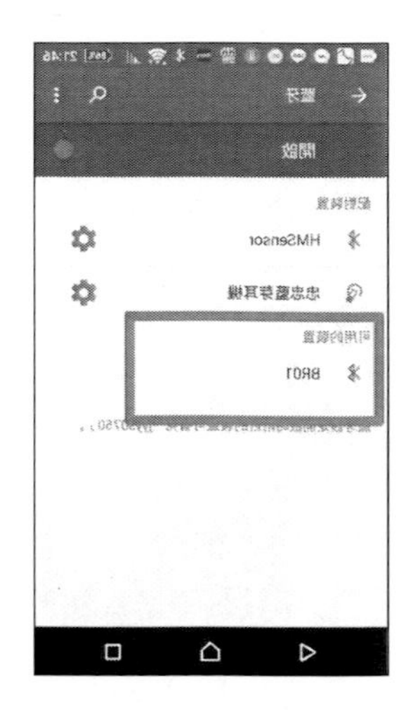

圖 201 搜尋藍芽配對

如下圖所示，當我們要找到新的藍芽裝置，點選它之後，會出現下圖畫面，要求使用者輸入配對的 Pin 碼，一般為『0000』或『1234』。

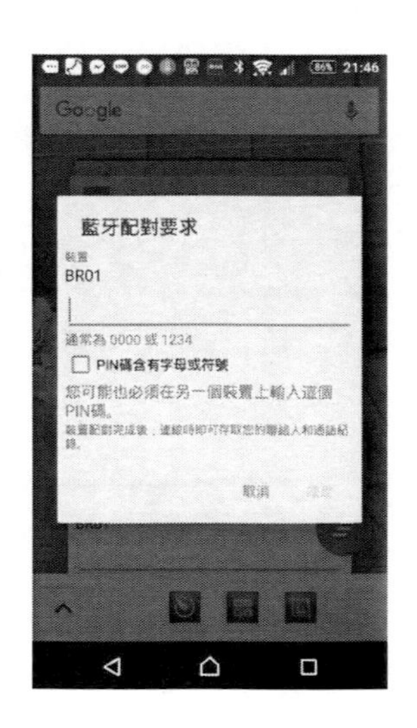

圖 202 第一次配對-要求輸入配對碼

如下圖所示，我們可以輸入配對的 Pin 碼，一般為『0000』或『1234』，來完成配對的要求。

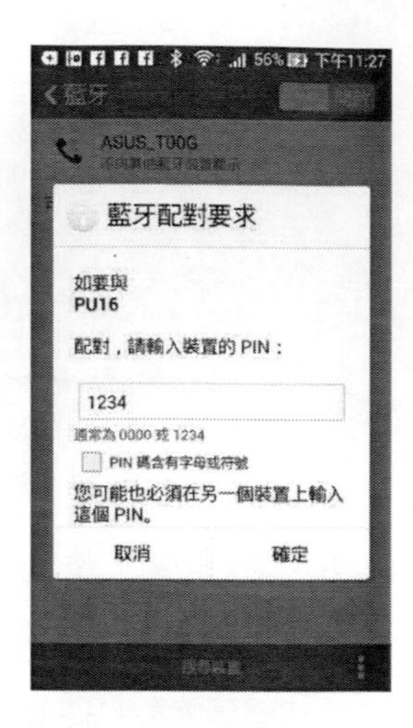

圖 203 藍牙要求配對

如下圖所示，我們可以輸入配對的 Pin 碼，一般為『0000』或『1234』，來完成配對的要求，本書例子為『1234』。

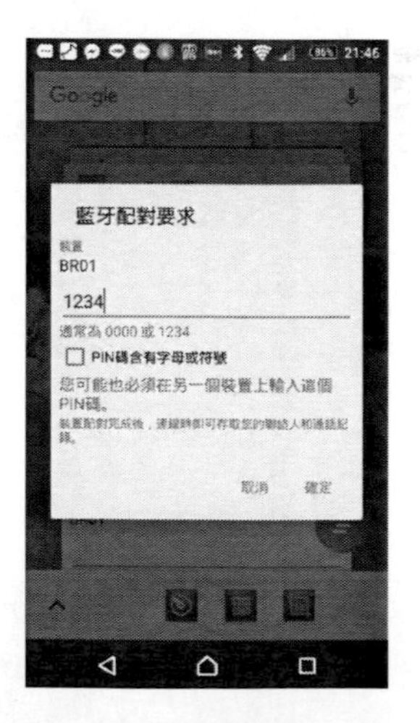

圖 204 輸入配對密碼(1234)

如下圖所示，如果輸入配對的 Pin 碼正確無誤，則會完成配對，該藍牙裝置會加入手機、平板的藍牙裝置清單之中。

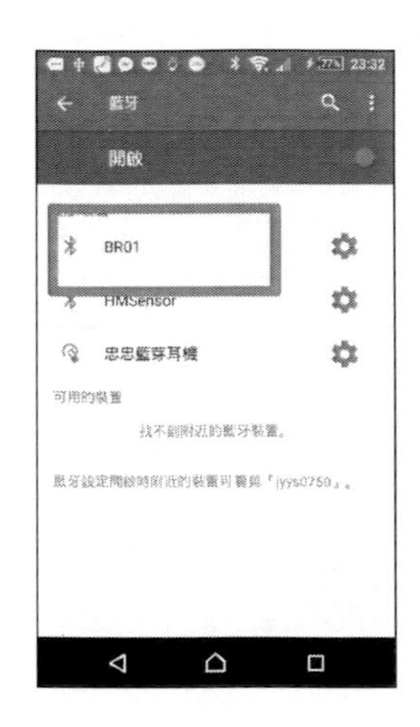

圖 205 完成配對後-出現在已配對區

如下圖所示，完成後，手機、平板會顯示已完成配對的藍芽裝置清單。

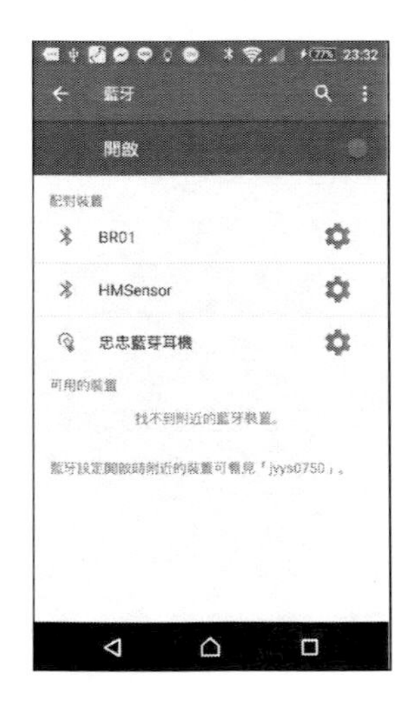

圖 206 目前已連接藍芽畫面(以配對)

如下圖所示，完成配對的藍芽裝置後，我們可以用回上頁回到設定主畫面，完成新增藍芽裝置的配對。

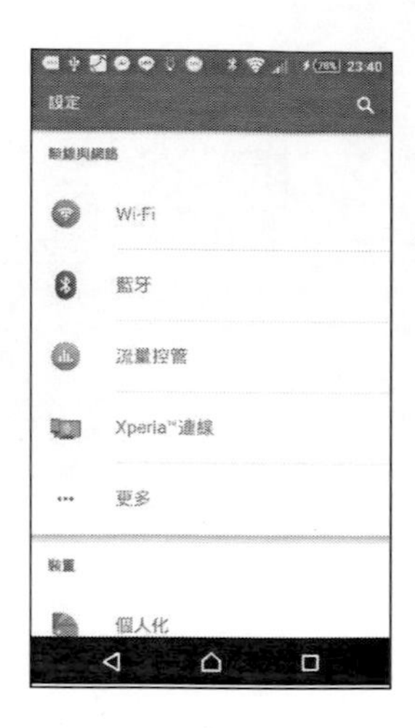

圖 207 完成藍牙配對等完成畫面

桌面執行軟體

如下圖所示，我們安裝好『藍牙控制氣氛燈』之應用程式，我們可以在手機桌面找到下圖所示之 APPs 。

圖 208 藍牙控制氣氛燈

執行藍芽控制氣氛燈之應用程式

我們點選執行『藍芽控制氣氛燈』之應用程式，由下圖所示，可以進到主畫面，一開始，我們必須選擇燈泡連線之藍芽裝置 。

圖 209 藍芽控制氣氛燈主面面

由下圖所示，一開始，我們必須選擇燈泡連線之藍芽裝置 。

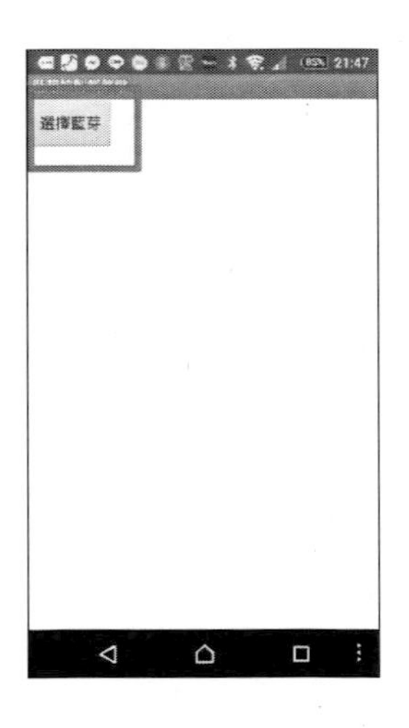

圖 210 選擇藍芽配

由下圖所示，我們選擇燈泡之連線藍芽裝置 。

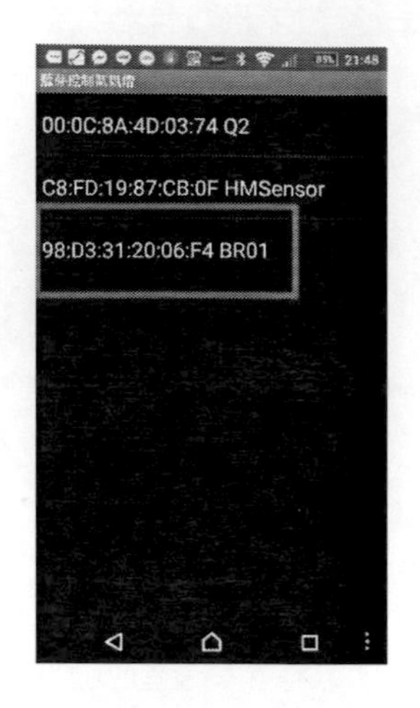

圖 211 選擇燈泡之連線藍芽

由下圖所示，完成燈泡之藍芽裝置連線之後，我們進到主畫面 。

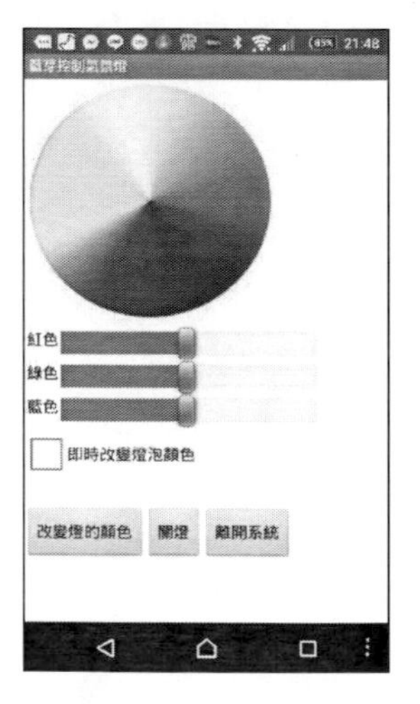

圖 212 控制主畫面

由下圖所示，我們可以在主畫面之中-勾選即時顯示之功能，可以即時顯示設定之顏色 。

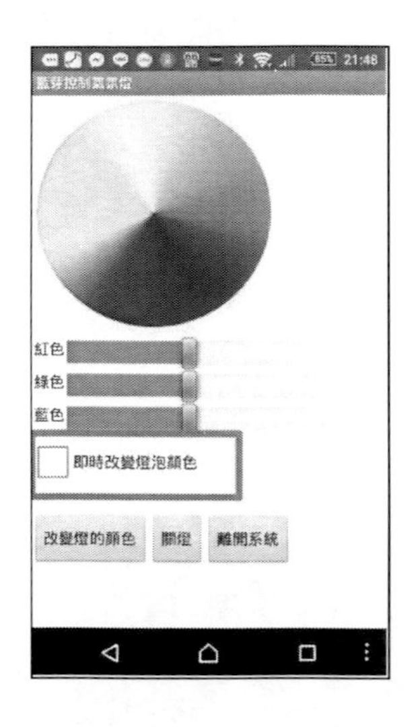

圖 213 控制主畫面-勾選即時顯示

由下圖所示，我們就可以透過顏色圖或 R：紅色、G：綠色、B：藍色之三原色之控制 Bar 來控制燈泡顏色。

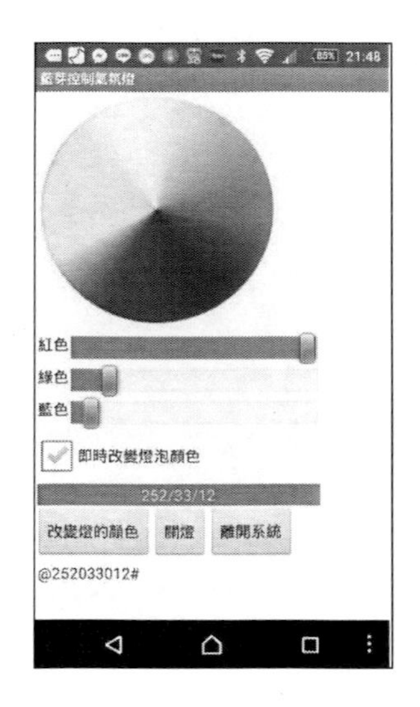

圖 214 藍芽控制氣氛燈主面面

燈泡展示畫面

我們執行『藍芽控制氣氛燈』之應用程式後，由下圖所示，我們可以看到燈泡的控制結果。

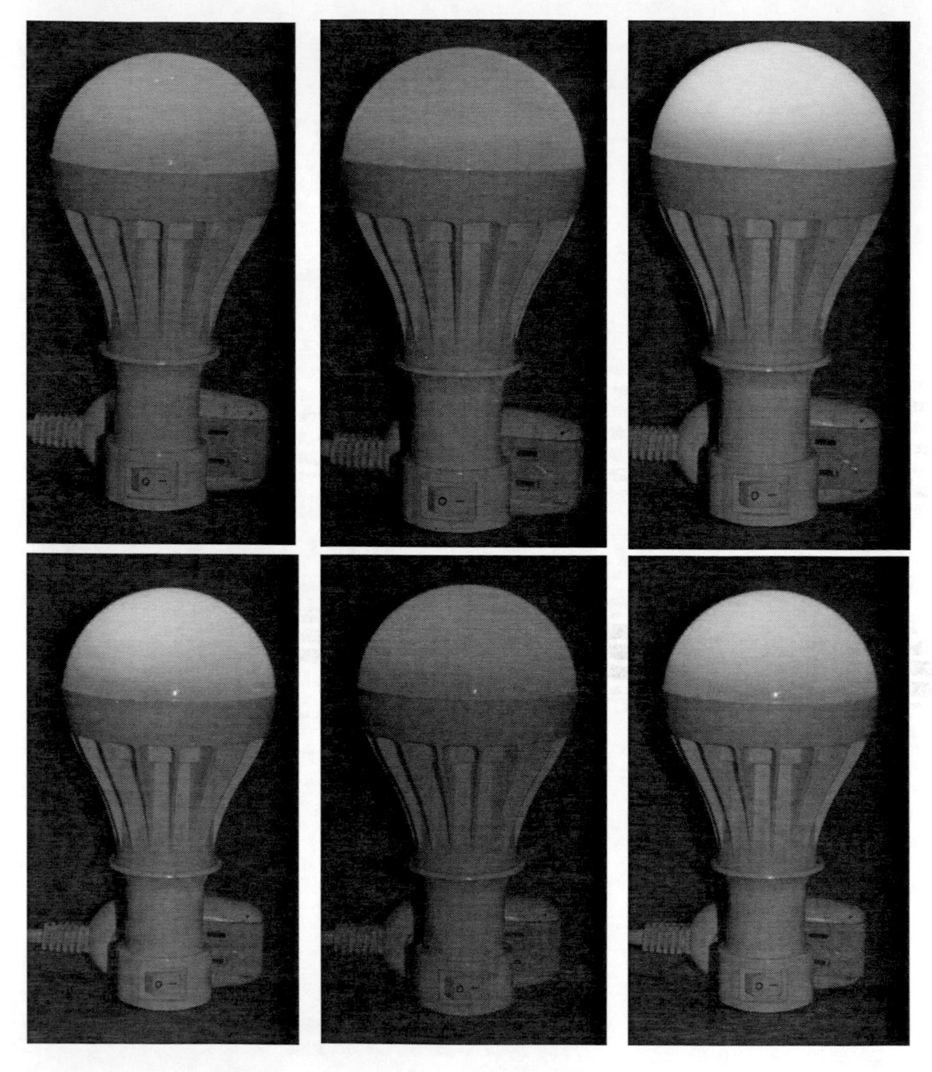

圖 215 燈泡展示畫面

章節小結

本章主要介紹之如何透過 LED 燈泡外殼，將整個電路裝入 LED 燈泡外殼，開發出如 LED 家用燈泡一樣的產品，為本章的重點。

CHAPTER

手機應用程式開發

上章節介紹，我們已經可以使用 Arduino Nano 開發版整合藍芽模組控制控制 WS2812B 全彩燈泡模組，並透過手機 BlueToothRC 應用程式之鍵盤輸入子功能輸入，將 RGB(紅色、綠色、藍色)三個顏色的代碼輸入，透過解碼來還原 RGB(紅色、綠色、藍色)三個顏色值，進而傳輸控制指令來控制 WS2812B 全彩燈泡模組，進而控制顏色，如此已經充分驗證 Arduino Nano 開發板控制 WS2812B 全彩燈泡模組可行性。

開啟新專案

由於我們使用 Android 作業系統的手機或平板與 Arduino 開發板的裝置進行控制，由於手機或平板的設計限制，通常無法使用硬體方式連接與通訊，所以本節專門介紹如何在手機、平板上如何使用常見的藍芽通訊來通訊，本節主要介紹 App Inventor 2 如何建立一個藍芽通訊模組。

首先，如下圖所示，我們在 App Inventor 2 程式模塊編輯畫面之中，開立一個新專案。

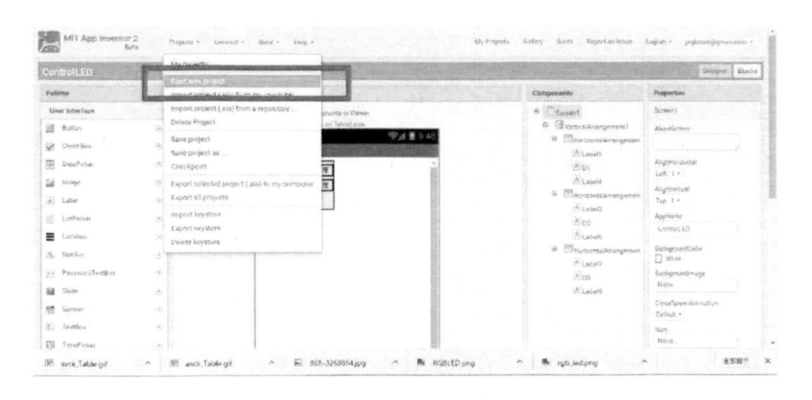

圖 216 建立新專案

首先，如下圖所示，我們先將新專案命名為 APPControlRGBLed。

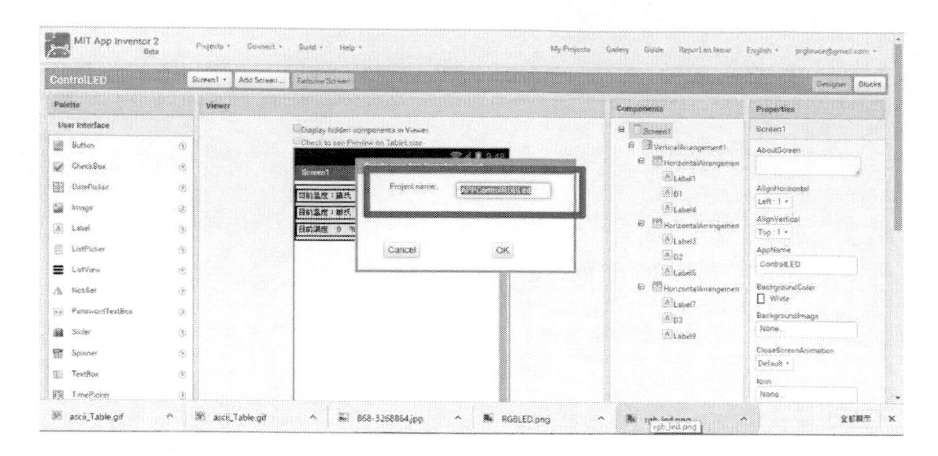

圖 217 命名新專案為 APPControlRGBLed

首先，如下圖所示為新專案主畫面。

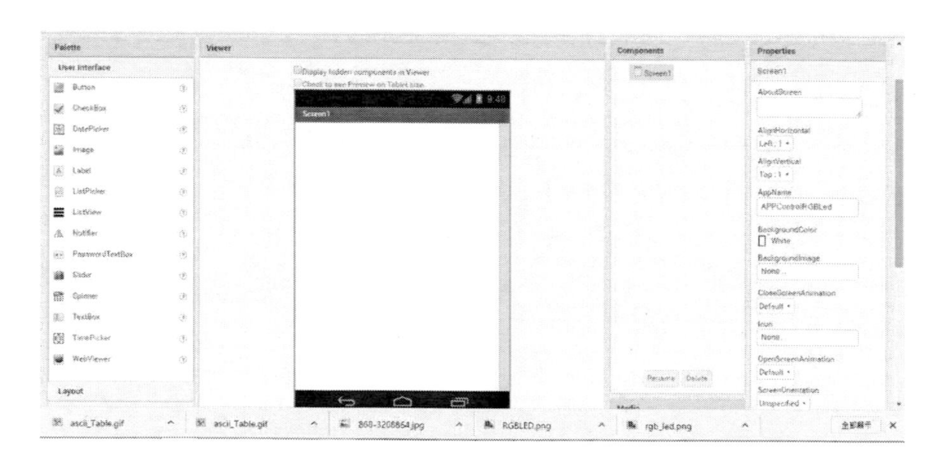

圖 218 新專案主畫面

控制全彩 LED 圖形介面開發

顏色控制盒設計

首先，如下圖所示，我們在先拉出 VerticalArrangement1。

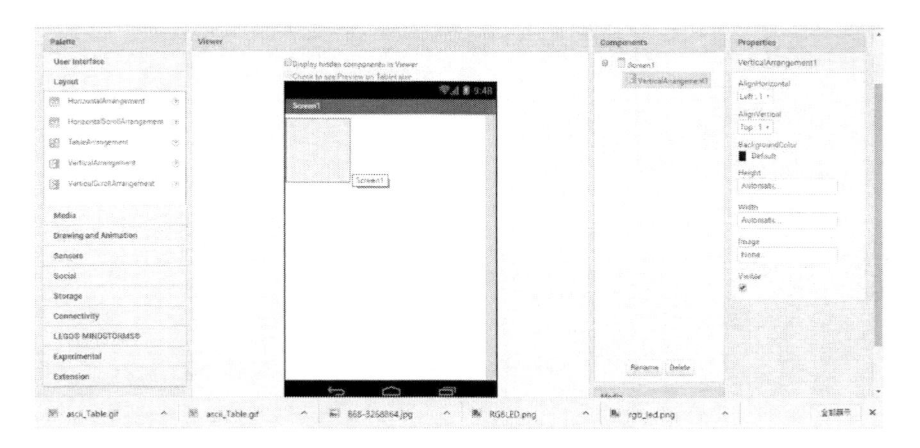

圖 219 拉出 VerticalArrangement1

如下圖所示，我們在拉出第一個 HorizontalArrangement。

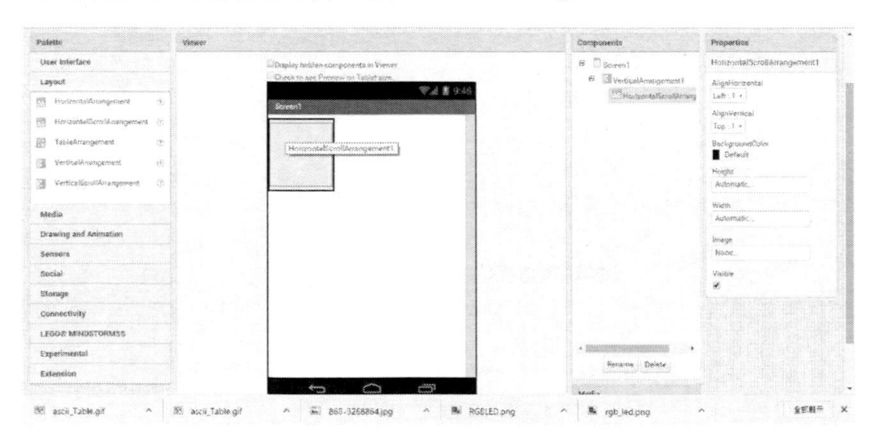

圖 220 拉出第一個 HorizontalArrangement

如下圖所示，我們在拉出第二個 HorizontalArrangement。

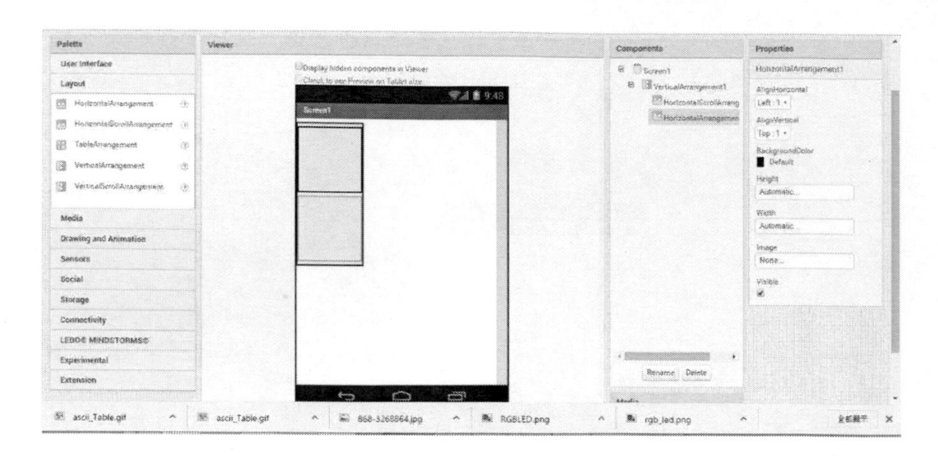

圖 221 拉出第二個 HorizontalArrangement

如下圖所示，我們在拉出第三個 HorizontalArrangement。

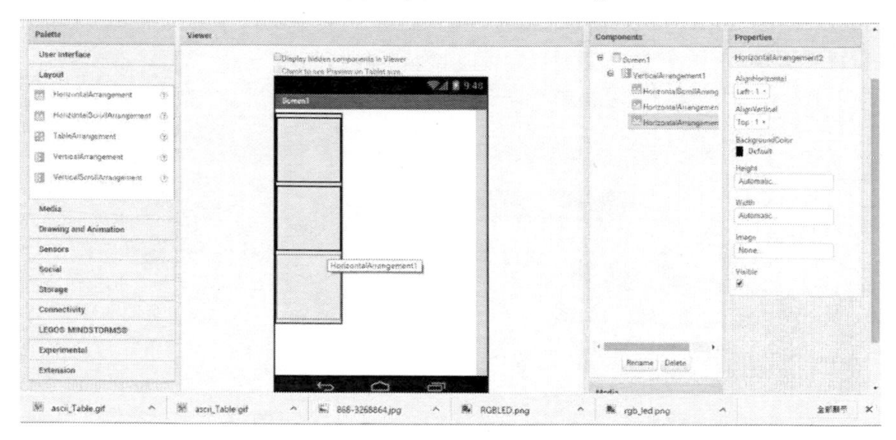

圖 222 拉出第三個 HorizontalArrangement

如下圖所示，我們拉出第一個顯示傳輸內容之 Label，並把 LABEL 的顯示屬性(Text)改為『紅色』。

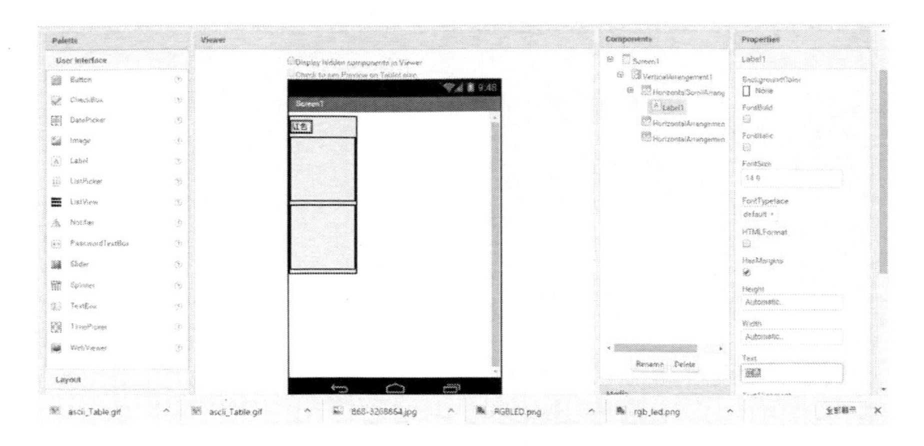

圖 223 拉出第一個顯示傳輸內容之 Label

如下圖所示，我們拉出第二個顯示傳輸內容之 Label，並把 LABEL 的顯示屬性(Text)改為『綠色』。

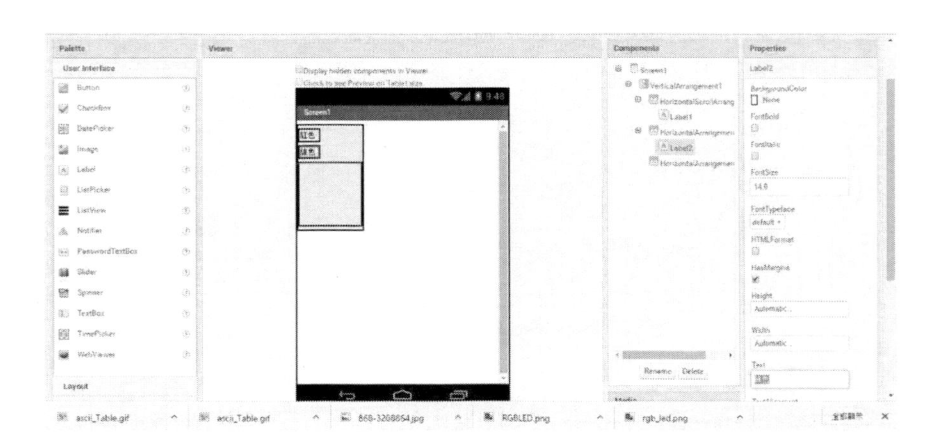

圖 224 拉出第二個顯示傳輸內容之 Label

如下圖所示，我們拉出第三個顯示傳輸內容之 Label，並把 LABEL 的顯示屬性(Text)改為『藍色』。

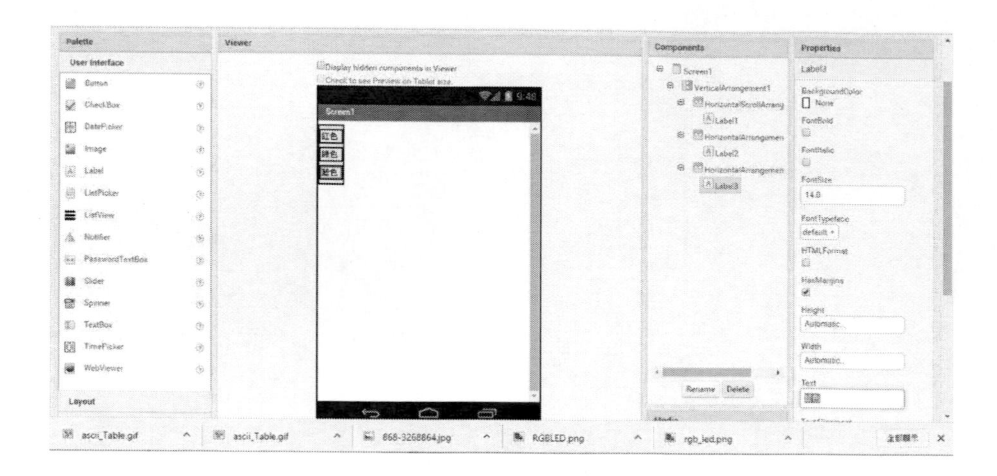

圖 225 拉出第三個顯示傳輸內容之 Label

如下圖所示，我們拉出第一個控制顏色的 sldieBar。

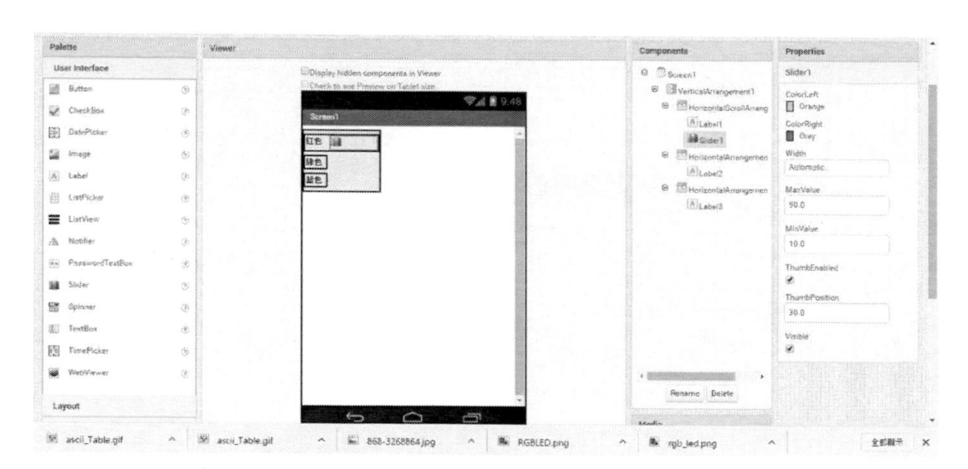

圖 226 拉出第一個控制顏色的 sldieBar

如下圖所示，我們把第一個控制顏色的 sldieBar 之 MinValue 設為 0，MaxValue 設為 255。

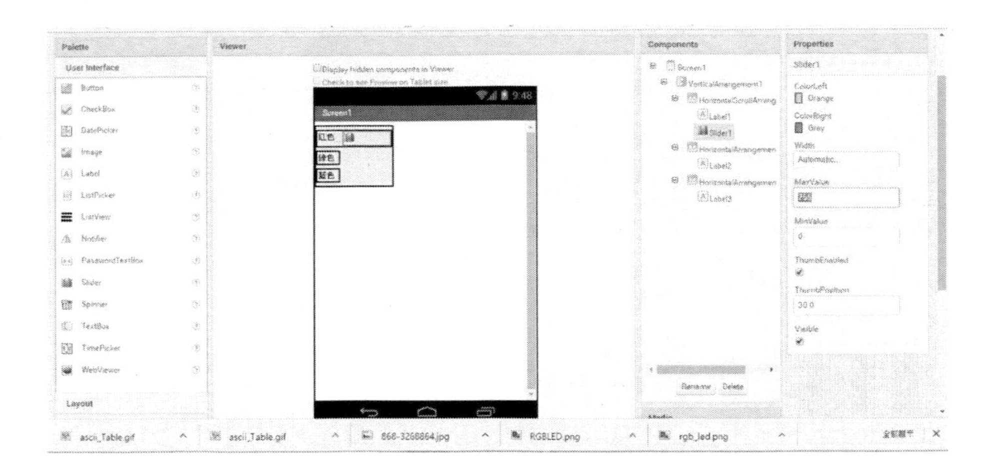

圖 227 設定第一個控制顏色的 sldieBar 之值域

如下圖所示，我們拉出第二個控制顏色的 sldieBar。

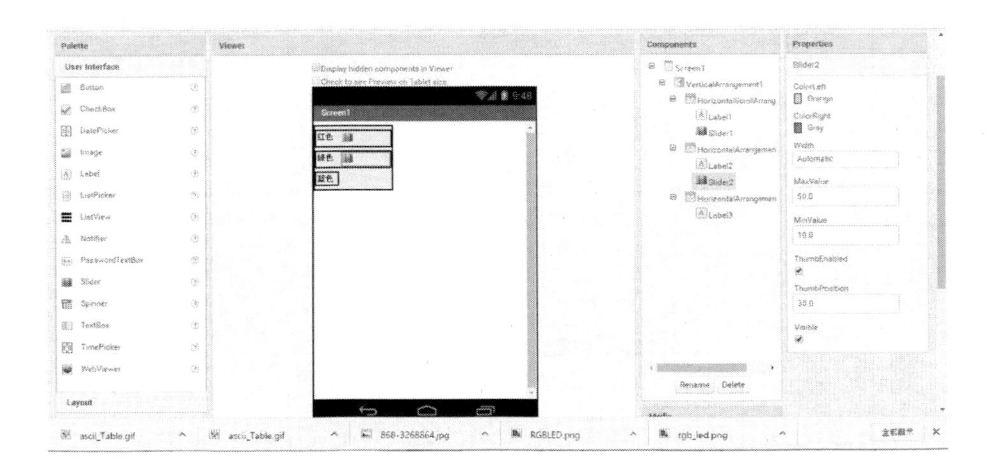

圖 228 拉出第二個控制顏色的 sldieBar

如下圖所示，我們把第二個控制顏色的 sldieBar 之 MinValue 設為 0，MaxValue 設為 255。

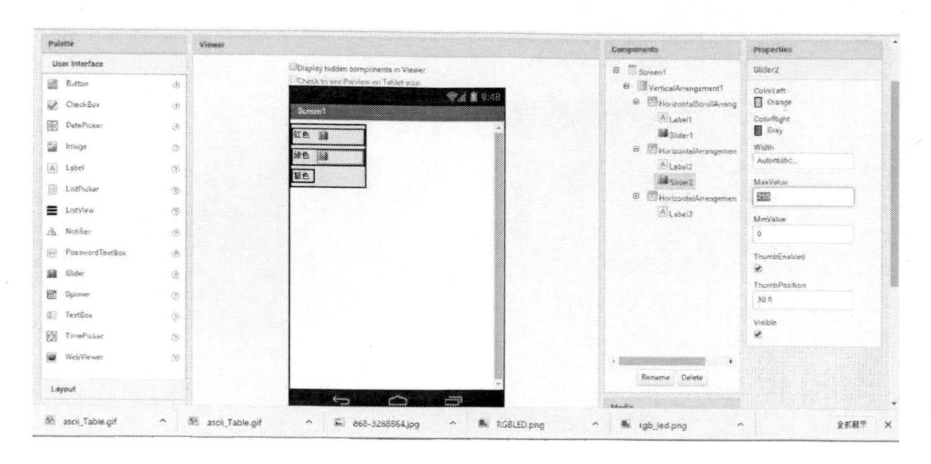

圖 229 設定第二個控制顏色的 sldieBar 之值域

如下圖所示，我們拉出第三個控制顏色的 sldieBar。

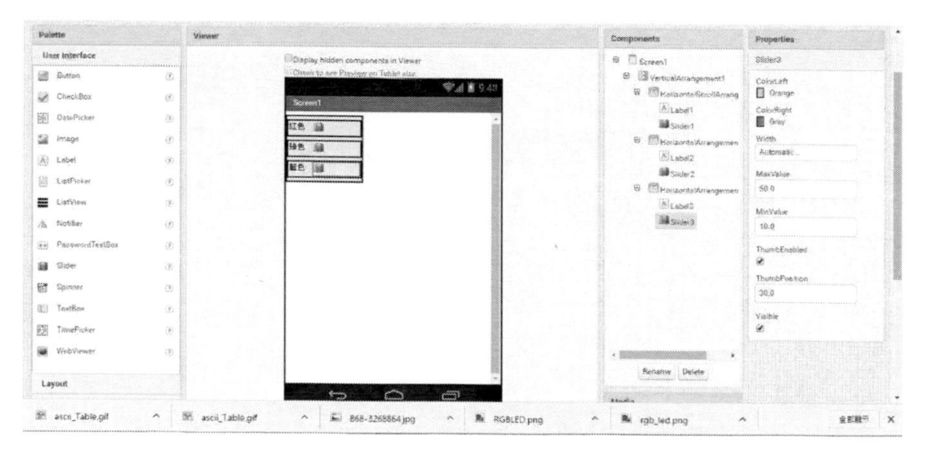

圖 230 拉出第三個控制顏色的 sldieBar

如下圖所示，我們把第三個控制顏色的 sldieBar 之 MinValue 設為 0，MaxValue 設為 255。

圖 231 設定第三個控制顏色的 sldieBar 之值域

如下圖所示，我們變更第一個 VerticalArrangement 名稱為『ControlBox』。

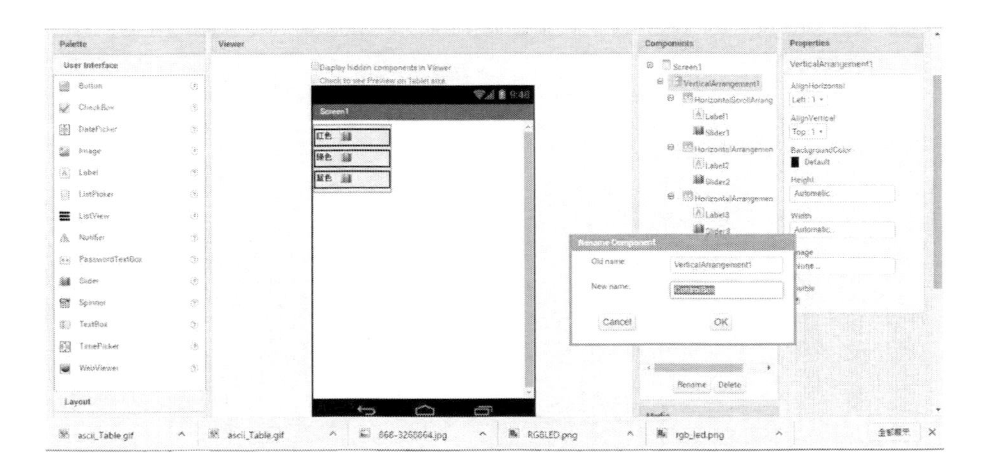

圖 232 041 變更第一個 VerticalArrangement 名稱

藍芽基本通訊畫面開發

藍芽控制盒設計

如下圖所示，我們增加拉出的 VerticalArrangement。

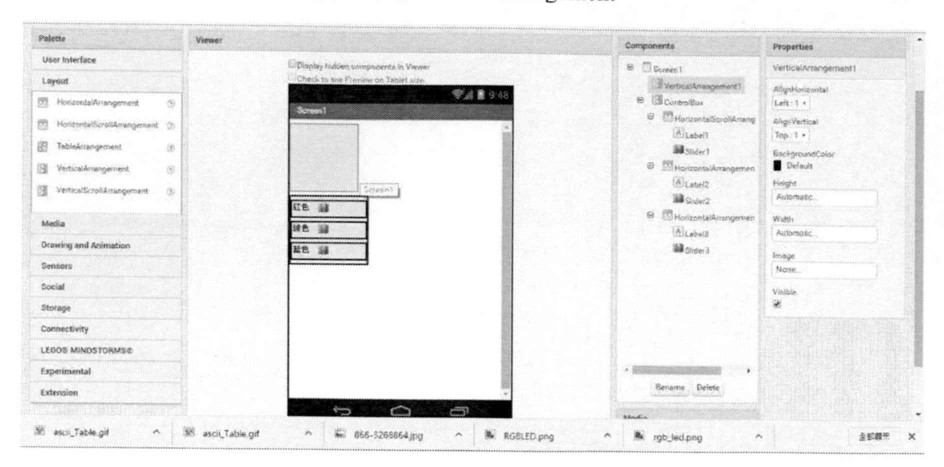

圖 233 拉出的 VerticalArrangement

如下圖所示，拉出藍芽 Client 物件。

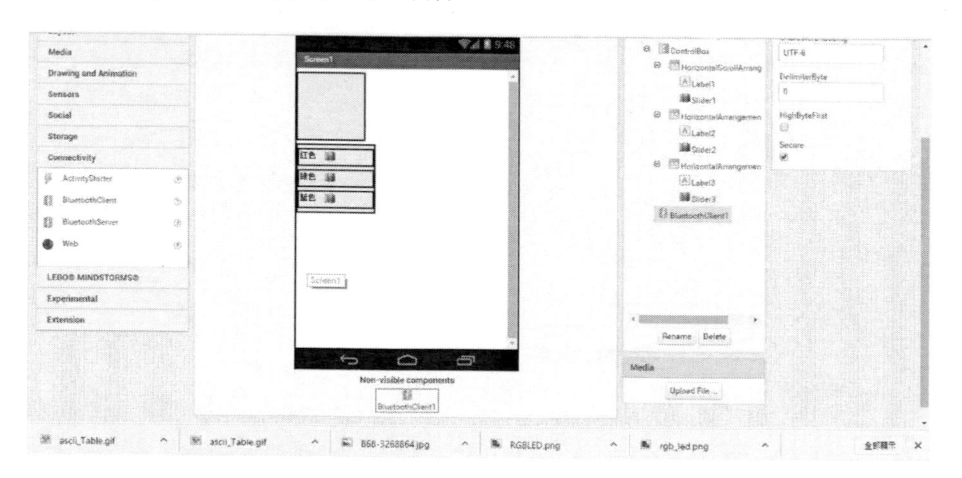

圖 234 拉出藍芽 Client 物件

如下圖所示，我們增加拉出的 VerticalArrangement 內拉出拉出 ListPictker(選藍芽裝置用)。

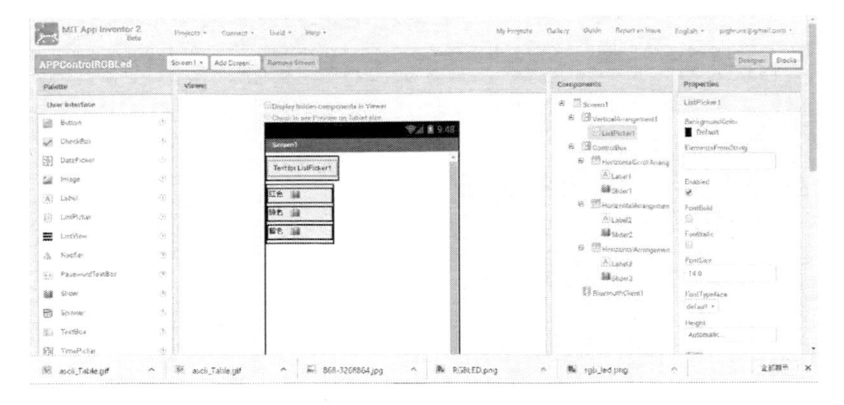

圖 235 拉出 ListPictker(選藍芽裝置用)

如下圖所示，我們修改拉出 ListPictker(選藍芽裝置用)改變其顯示的文字為『選擇藍芽』。

圖 236 修改 ListPictker 顯示名稱

預覽全彩 LED 圖形介面

首先，如下圖所示，我們在先拉出 Label 物件，來當作預覽全彩 LED 圖形介面。

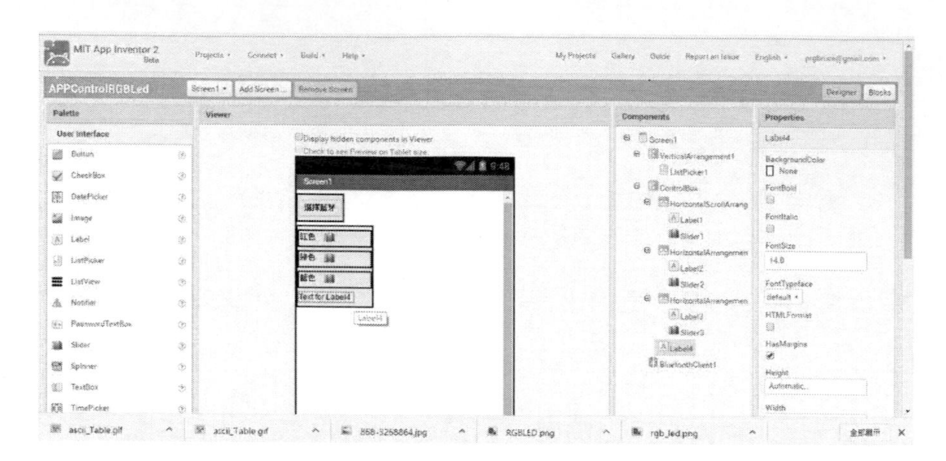

圖 237 拉出預覽全彩 LED 圖形介面

首先，如下圖所示，我們在先修改 Label 物件之 Text 屬性為『RGB Led 的顏色』。

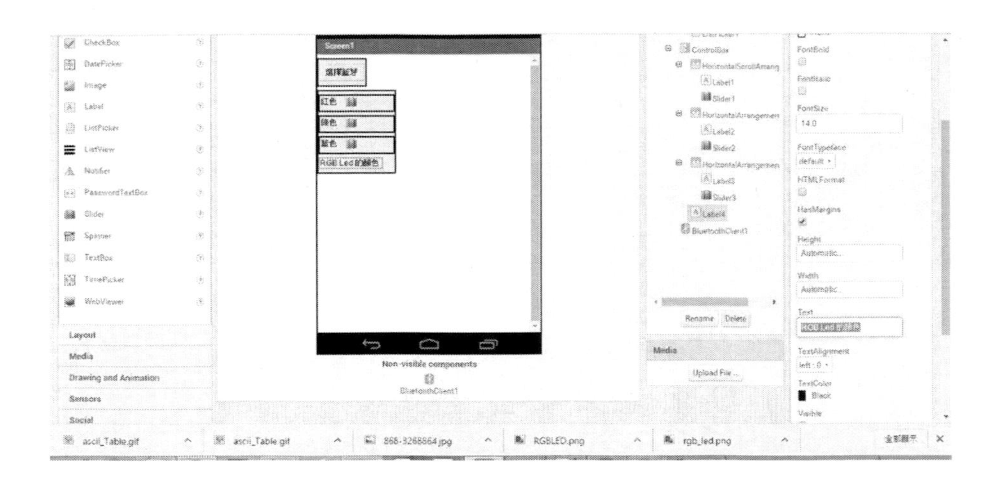

圖 238 改 Label 物件之 Text 屬性

控制介面開發

首先，如下圖所示，我們在先拉出 VerticalArrangement。

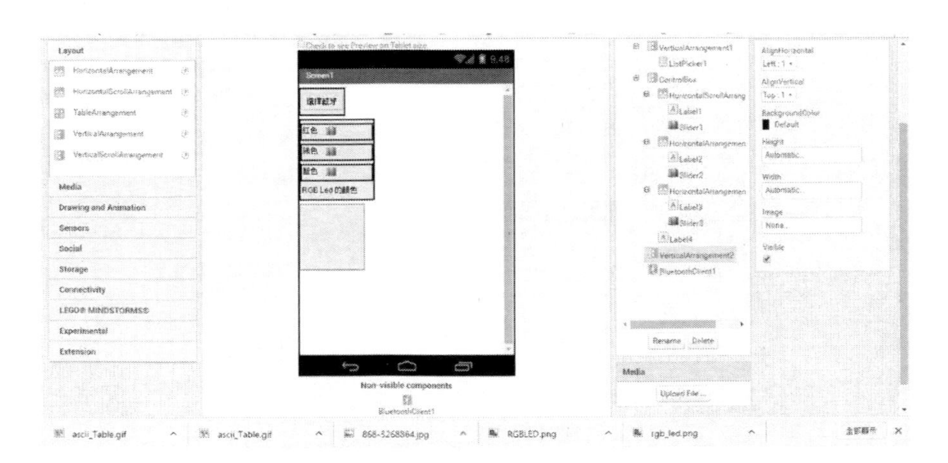

圖 239 拉出 VerticalArrangement

如下圖所示，我們變更 VerticalArrangement 名稱為『SendBluetooth』。

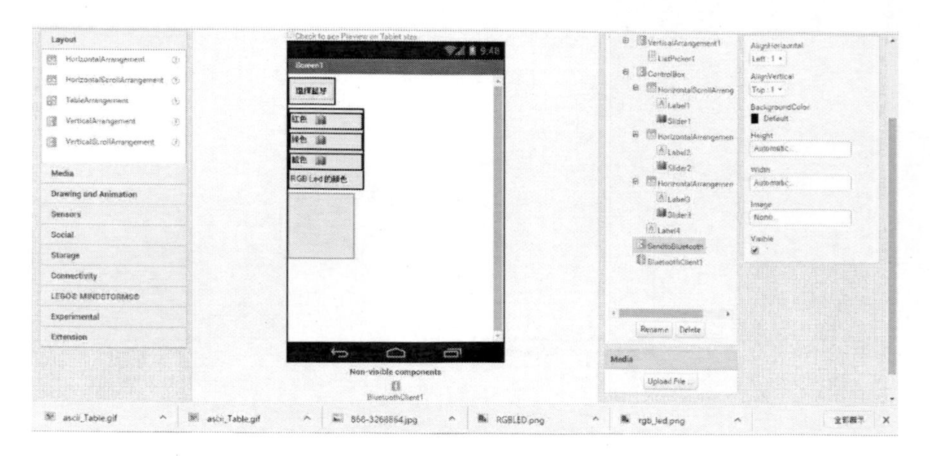

圖 240 變更 VerticalArrangement 名稱

如下圖所示，我們在拉出第一個 HorizontalArrangement。

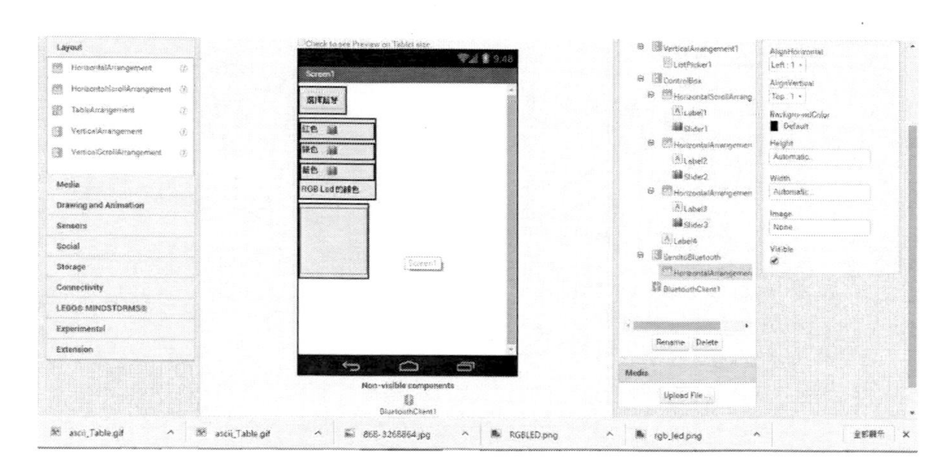

圖 241 拉出一個 HorizontalArrangement

如下圖所示，我們在拉出第一個 Button。

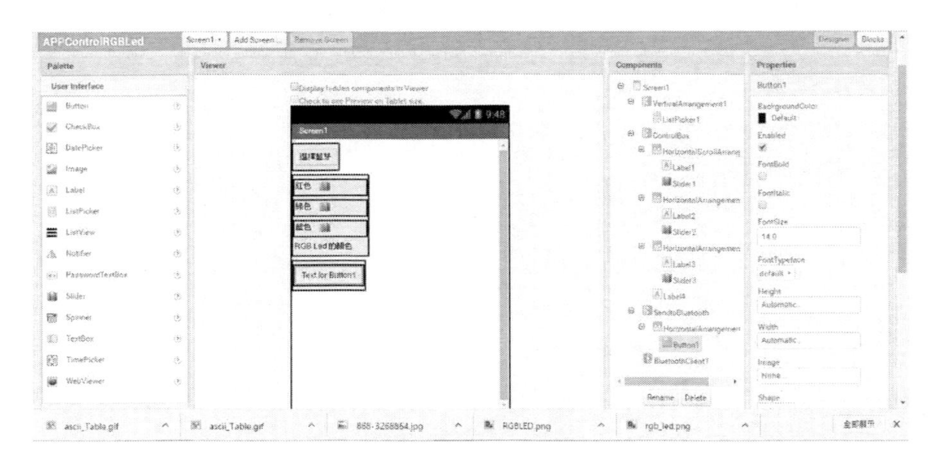

圖 242 拉出第一個 Button

如下圖所示，我們變更 Button 之 Text 屬性為『改變燈的顏色』。

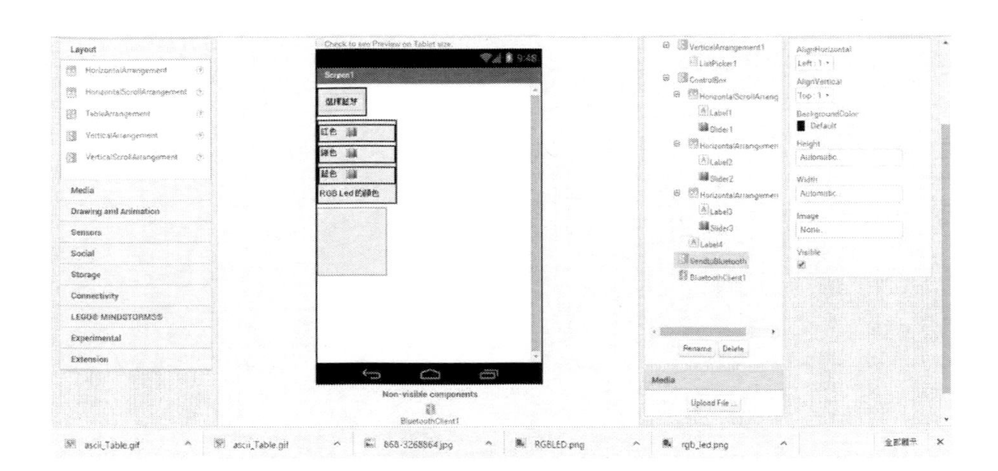

圖 243 變更 Button 之 Text 屬性

如下圖所示，我們在拉出第二個 Button。

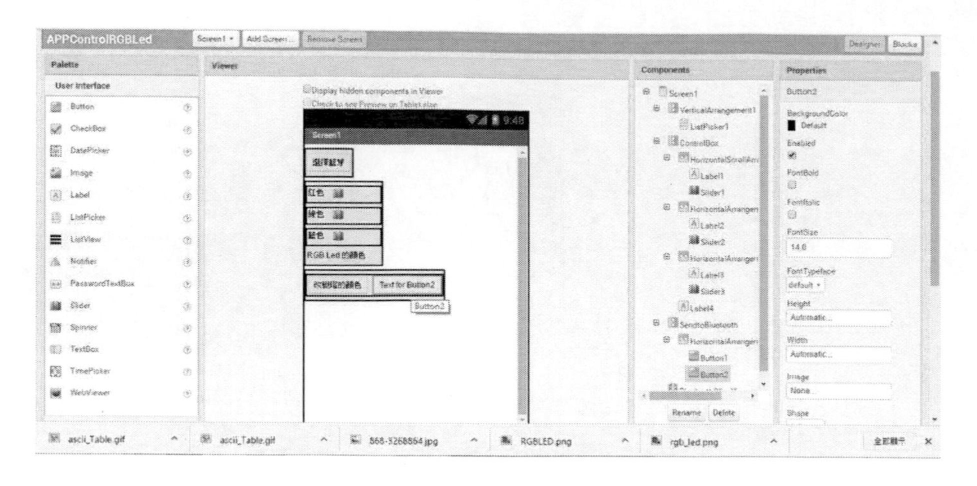

圖 244 拉出第二個 Button

如下圖所示，我們變更 Button 之 Text 屬性為『離開系統』。

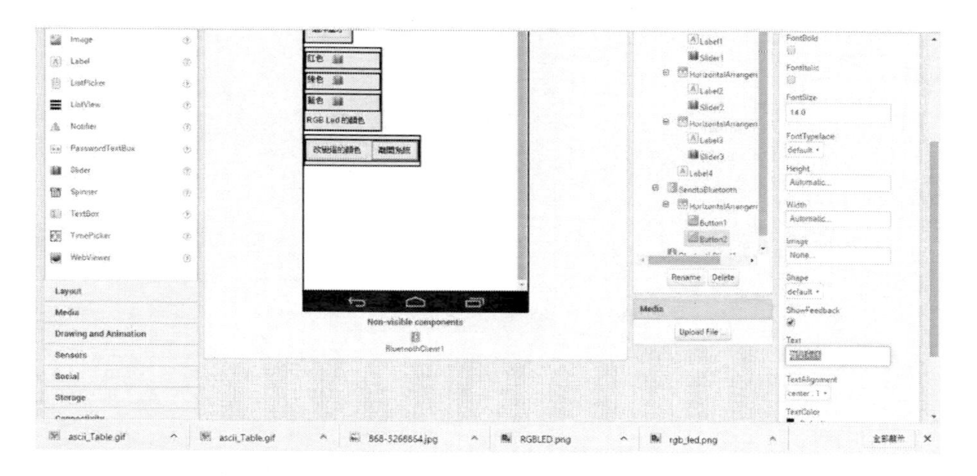

圖 245 變更 Button 之 Text 屬性

Debug 介面開發

首先，如下圖所示，我們在先拉出 Label 物件。

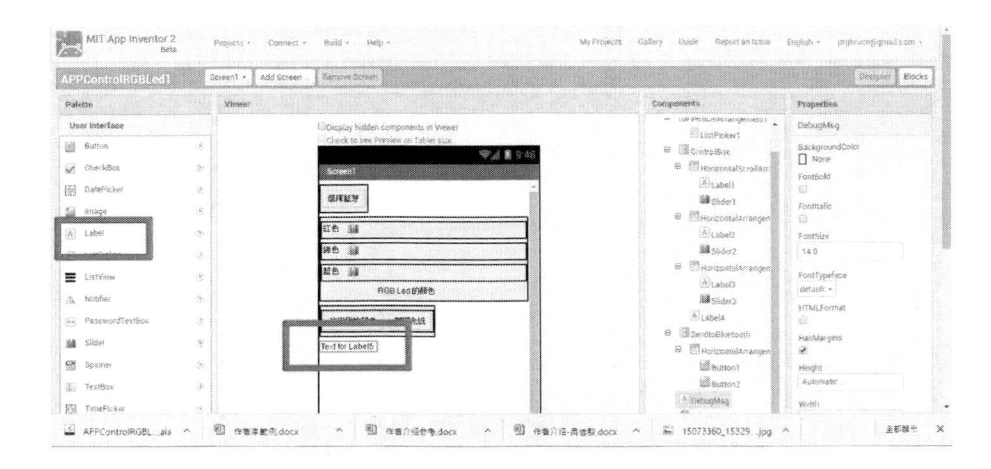

圖 246 拉出 Label 物件

如下圖所示，我們變更 Label 物件之 Text 屬性為『DebugMsg』。

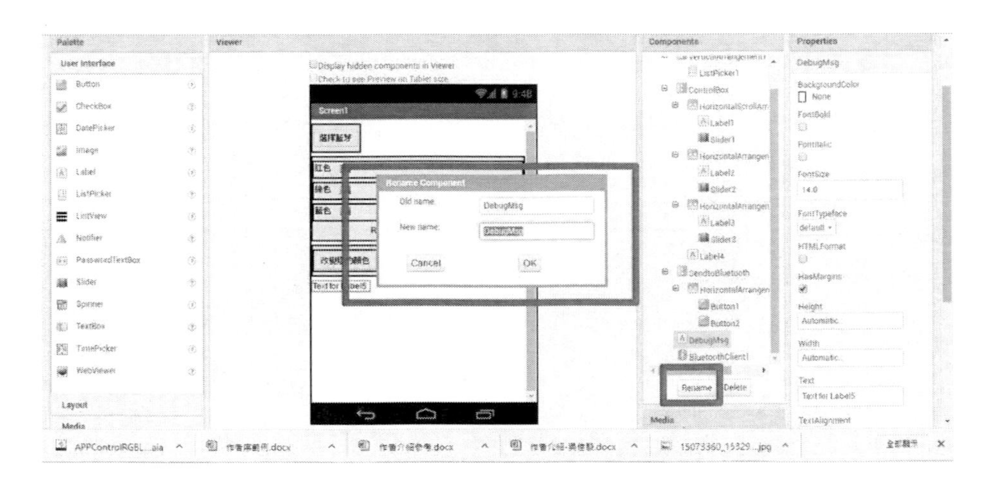

圖 247 變更 label 之 Text 屬性

系統對話元件開發

如下圖所示，我們在先拉出 Notifier 對話窗元件。

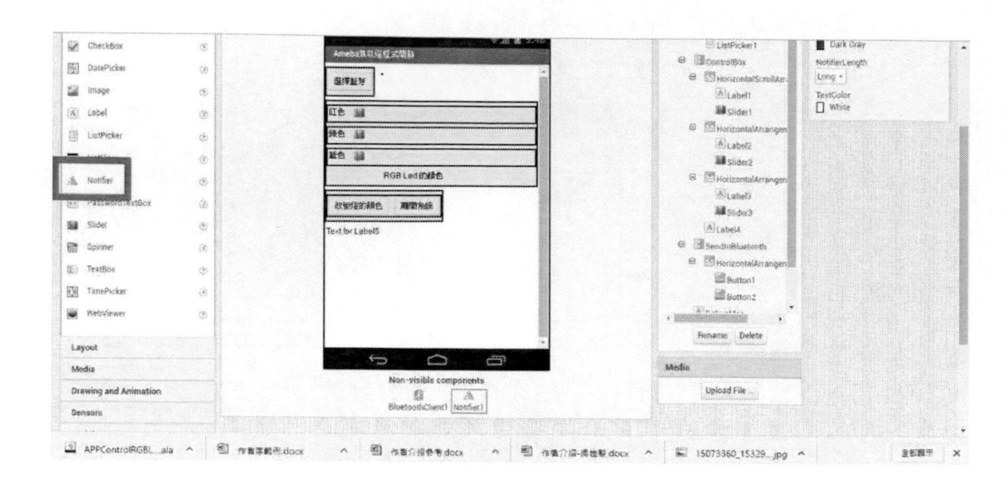

圖 248 拉出對話窗元件

修改系統名稱

如下圖所示，我們將系統名稱修改為『Nano 氣氛燈程式開發』

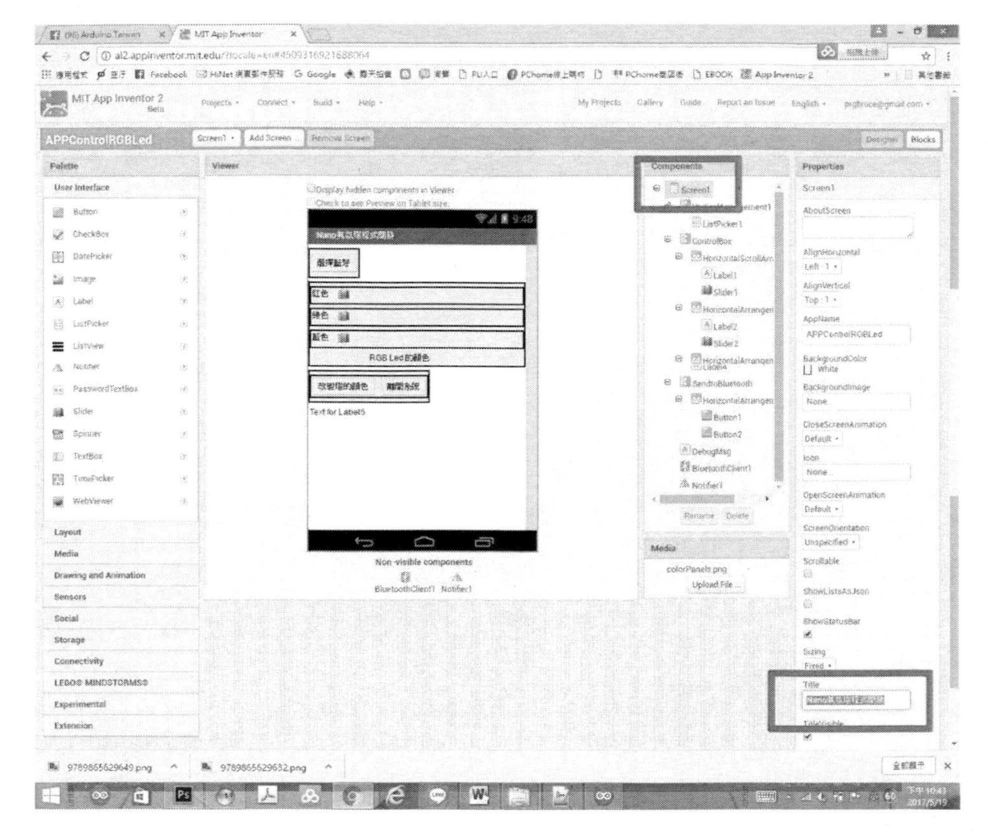

圖 249 修改系統名稱

控制程式開發-初始化

切換程式設計視窗

如下圖所示，我們為了編修程式，請點選如下圖所示之紅框區『Blocks』按紐。

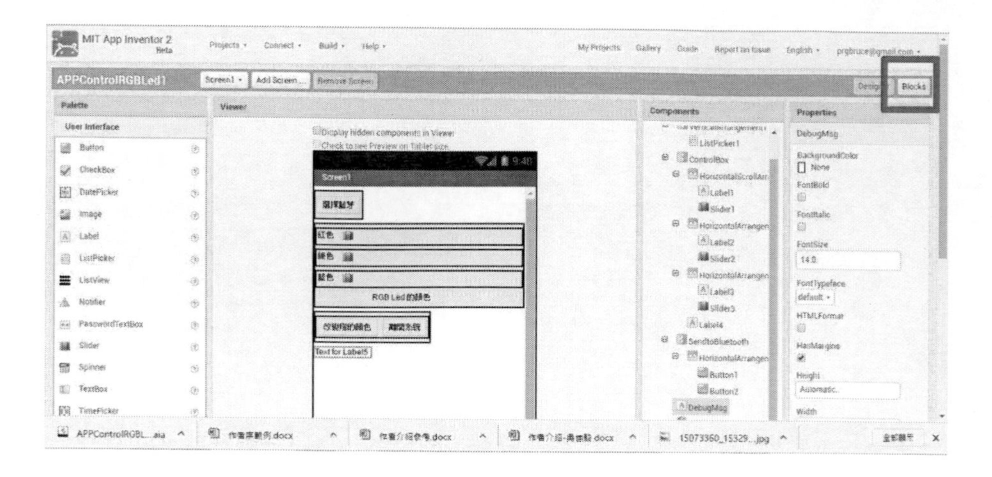

圖 250 切換程式設計模式

如下圖所示，，下圖所示之紅框區為 App Inventor 2 的程式編輯區。

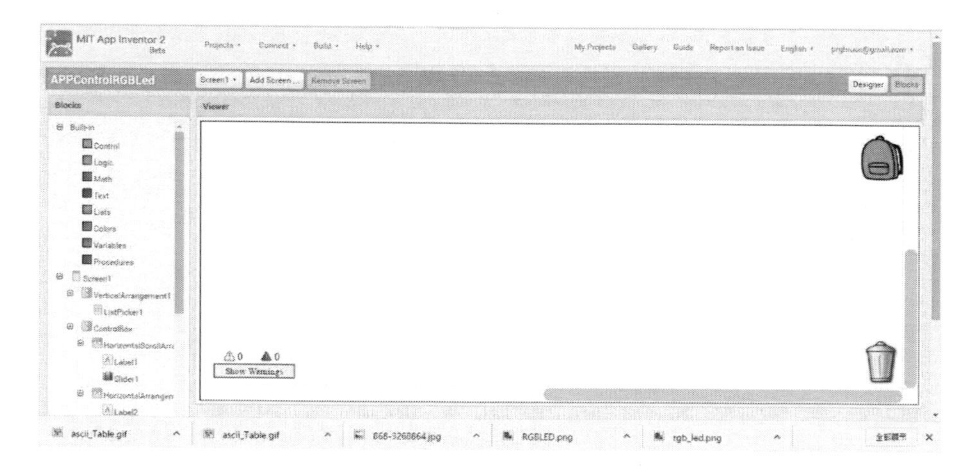

圖 251 程式設計模式主畫面

初始化變數

如下圖所示，我們在 App Inventor 2 的程式編輯區，建立建立 BTWord 變數。

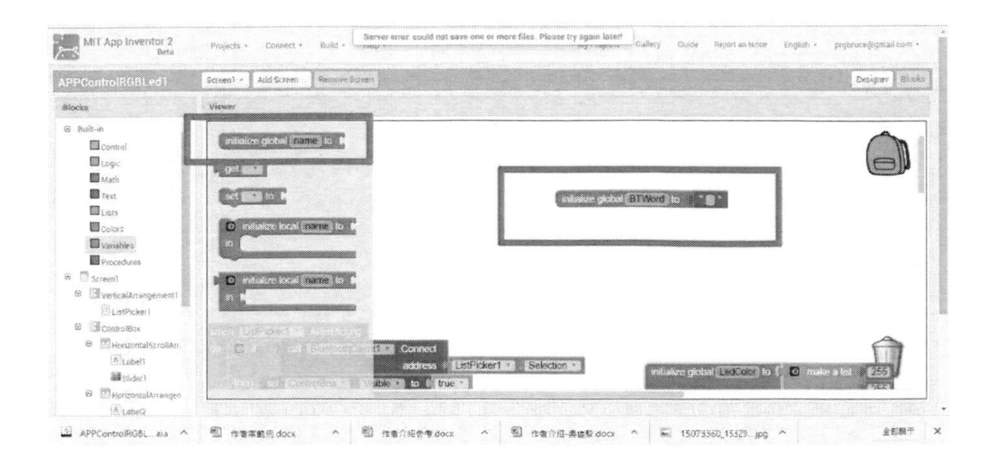

圖 252 建立 BTWord 變數

如下圖所示，我們在 App Inventor 2 的程式編輯區，建立建立 LedColor 變數。

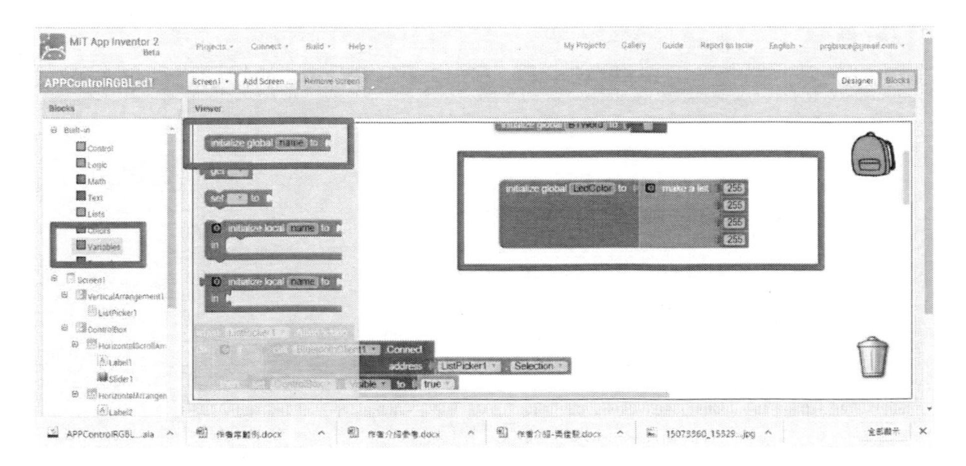

圖 253 建立 LedColor 變數

使用者函式設計

如下圖所示，我們在 App Inventor 2 的程式編輯區，建立 DisplayColor 函式。

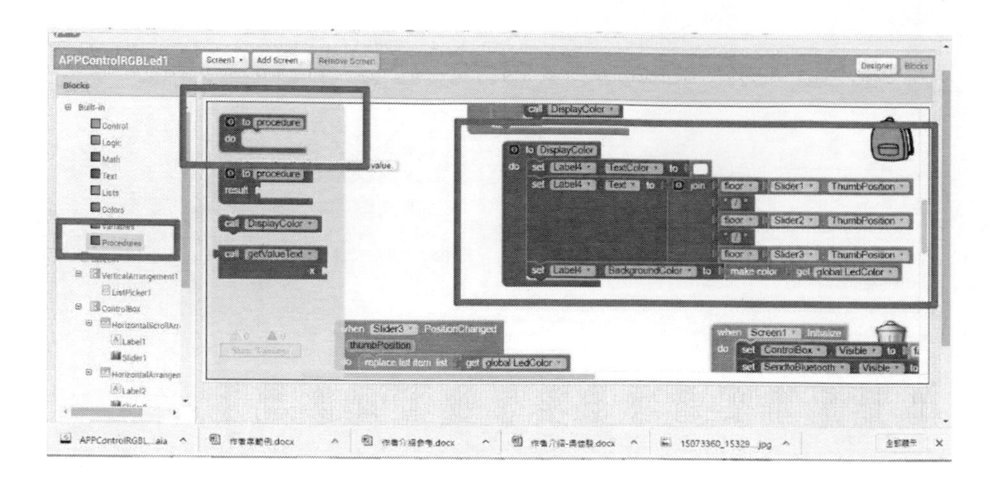

圖 254 建立 DisplayColor 函式

如下圖所示，我們在 App Inventor 2 的程式編輯區，建立 getValueText 函式。

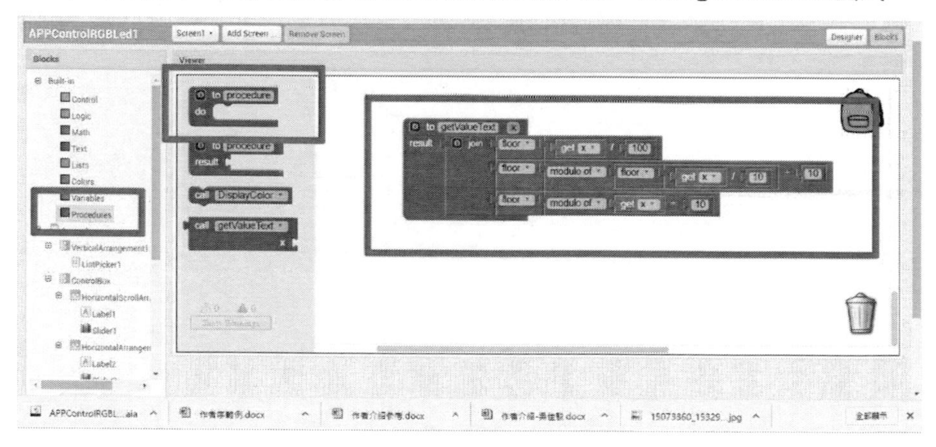

圖 255 建立 getValueText 函式

控制程式開發-系統初始化

Screent 系統初始化

如下圖所示，我們在 App Inventor 2 的程式編輯區，建立系統初始化。

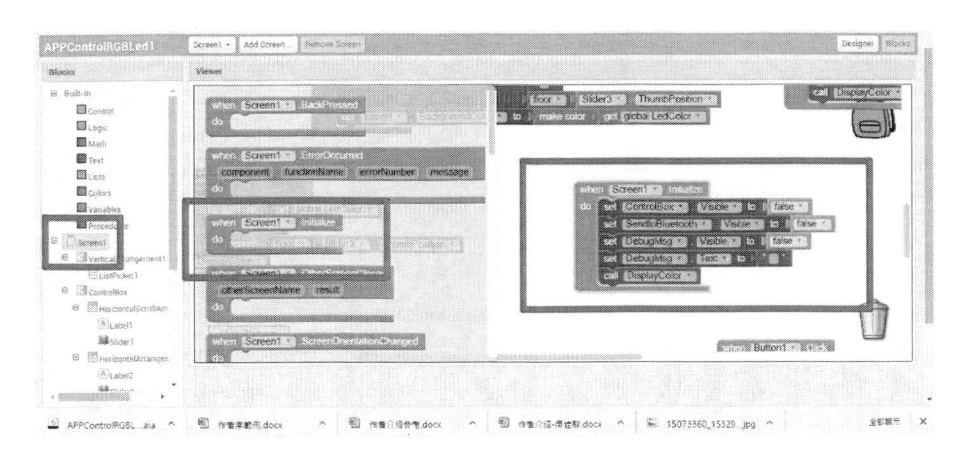

圖 256 建立系統初始化

藍芽設計

首先，在點選藍芽裝置『ListPicker1』下，如下圖所示，我們在 ListPicker1.BeforePicking 建立下列敘述。

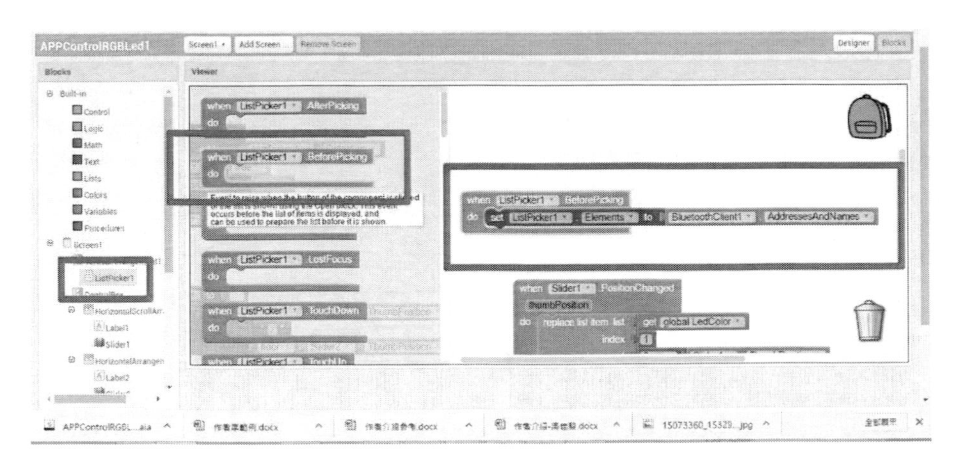

圖 257 將已配對的藍芽資料填入 ListPicker

首先，在點選藍芽裝置『ListPicker1』下，撰寫『判斷選到藍芽裝置後連接選取藍芽裝置』，如下圖所示，我們在 ListPicker1.AfterPicking 建立下列敘述。

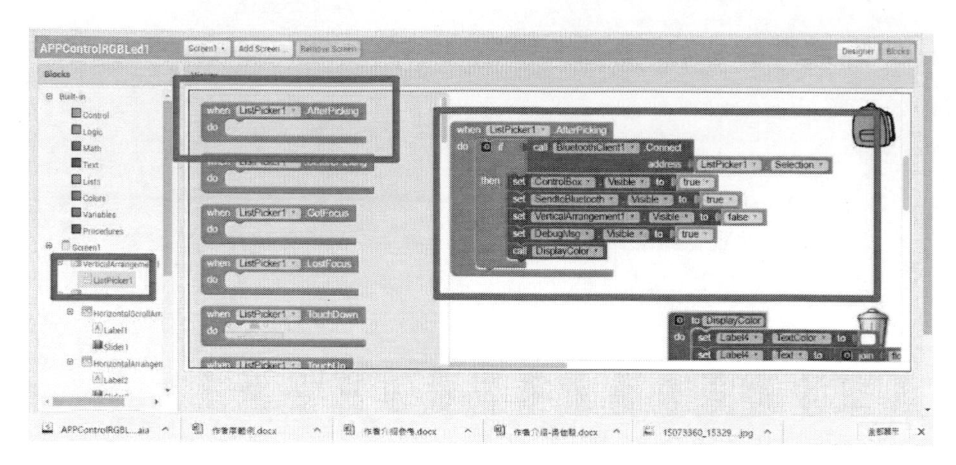

圖 258 判斷選到藍芽裝置後連接選取藍芽裝置

變更顏色控制 Bar 設計

如下圖所示，我們攥寫控制紅色顏色的控制程式。

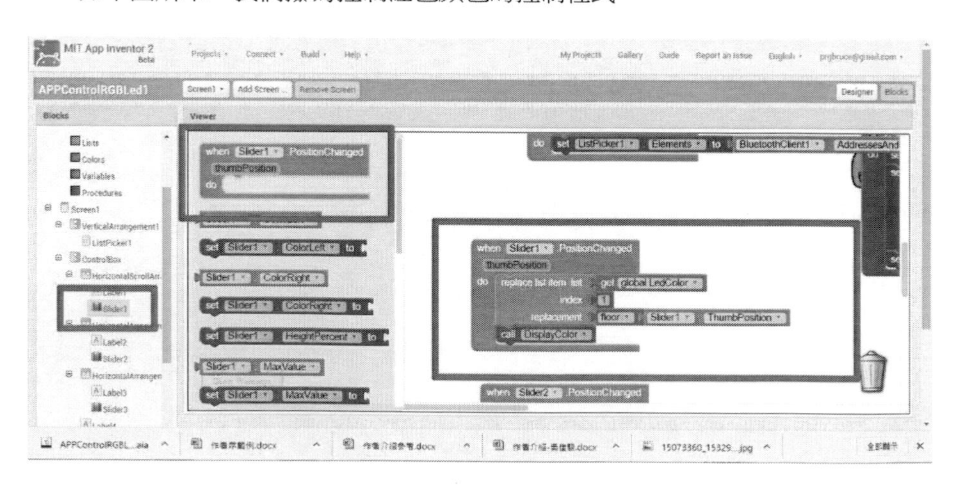

圖 259 控制紅色顏色的控制程式

如下圖所示，我們攥寫控制綠色顏色的控制程式。

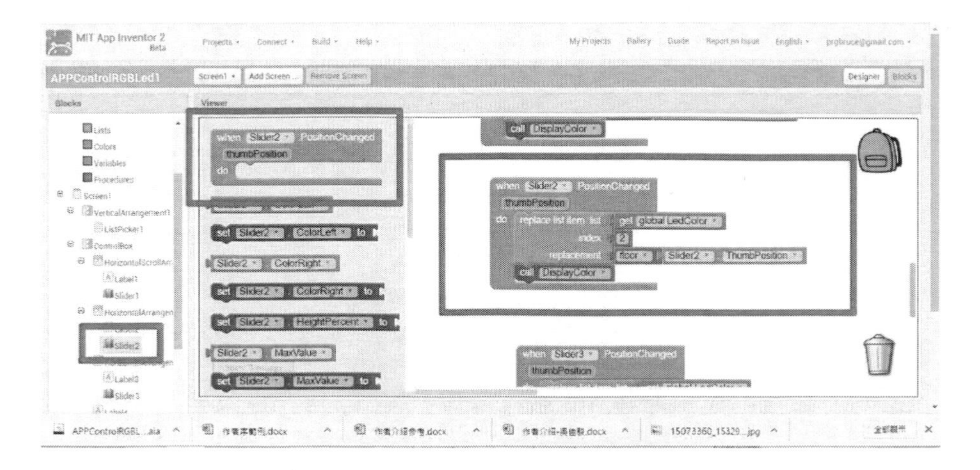

圖 260 控制綠色顏色的控制程式

如下圖所示，我們攥寫控制藍色顏色的控制程式。

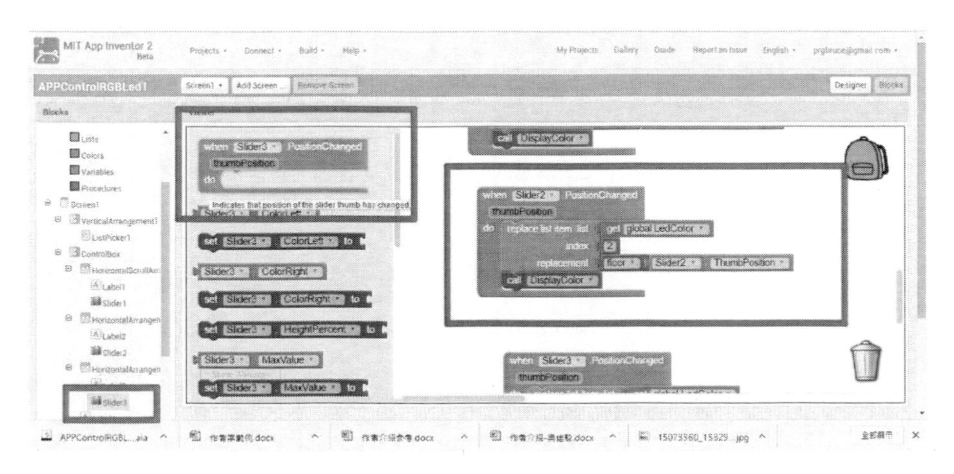

圖 261 控制藍色顏色的控制程式

傳送變更顏色控制碼設計

如下圖所示，在藍芽以配對好，且建立通訊後，我們將目前預覽到的 RGB LED

顏色值，傳送改變顏色命令字串到藍芽。

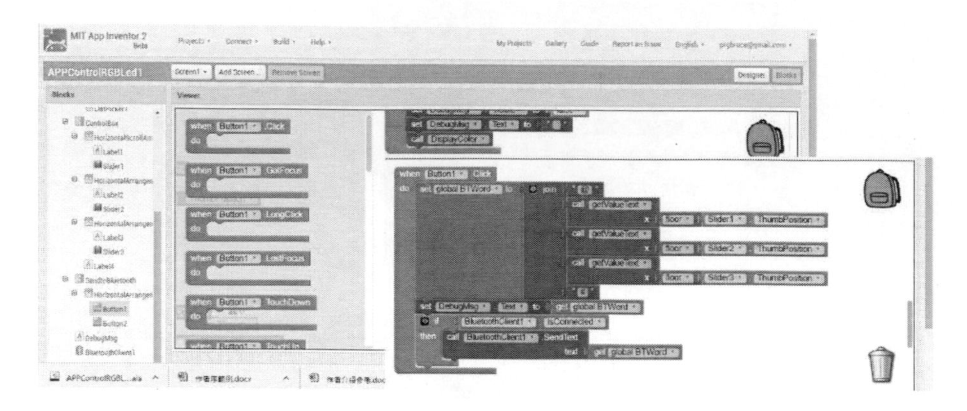

圖 262 傳送改變顏色命令字串到藍芽

如下圖所示，我們攥寫離開系統之程序。

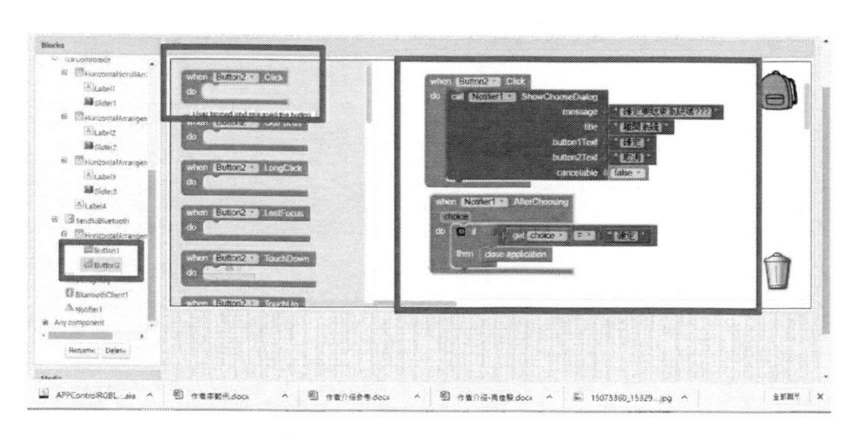

圖 263 離開系統

系統測試-啟動 AICompanion

手機測試

首先，如下圖所示，我們在 App Inventor 2 程式模塊編輯畫面之中，在『Connect』

的選單下，選取 AICompanion。

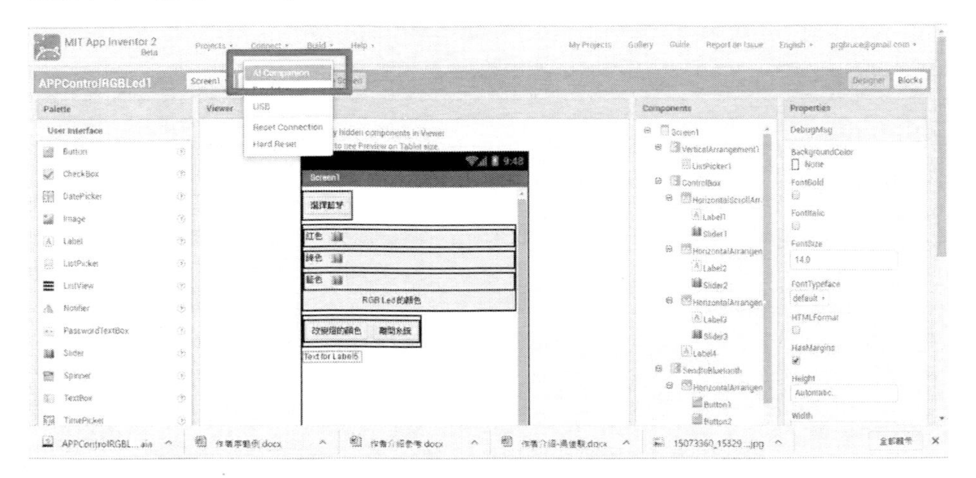

圖 264 啟動手機測試功能

掃描 QR Code

如下圖所示，系統會出現一個 QR Code 的畫面。

圖 265 手機 QRCODE

如下圖所示，我們在使用 Android 的手機、平板，執行已安裝好的『MIT App Inventor 2 Companion』，點選之後進入如下圖。

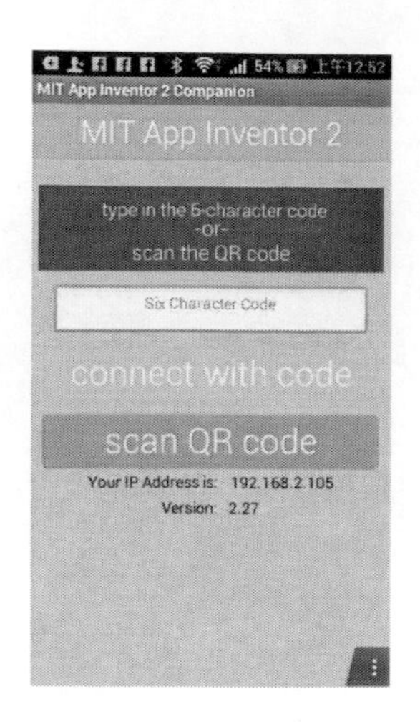

圖 266 啟動 MIT_AI2_Companion

如下圖所示，我們在選擇『scan QR code，點選之後進入如下圖。

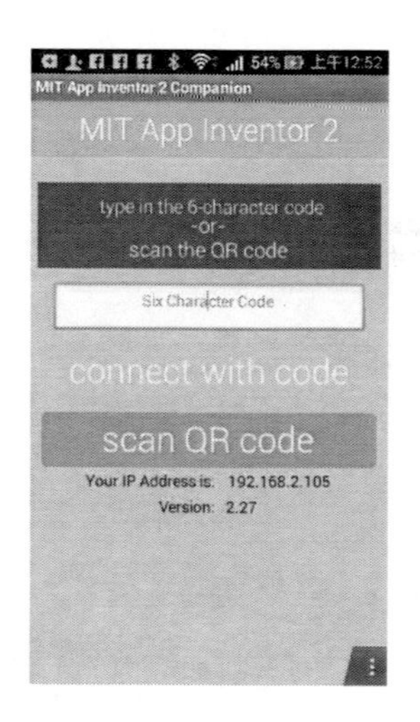

圖 267 掃描 QRCode

如下圖所示，手機會啟動掃描 QR code 的程式功能，這時後只要將手機、平板的 Camera 鏡頭描準畫面的 QR Code 就可以了。

圖 268 掃描 QRCodeing

如下圖所示，如果手機會啟動掃描 QR code 成功的話，系統會回傳 QR Code 碼到如下圖所示的紅框之中。

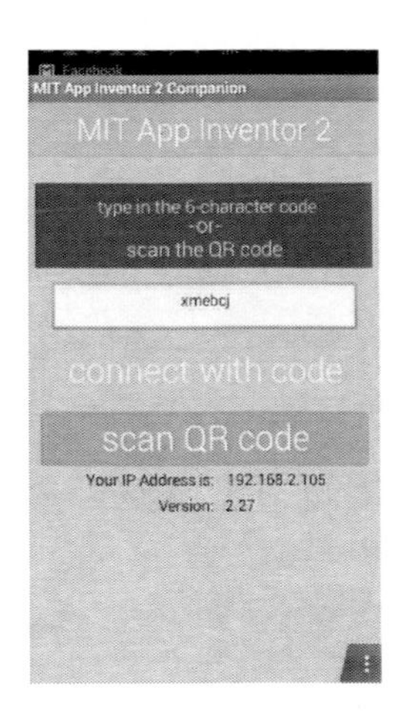

圖 269 取得 QR 程式碼

如下圖所示，我們點選如下圖所示的紅框之中的『connect with code』，就可以進入測試程式區。

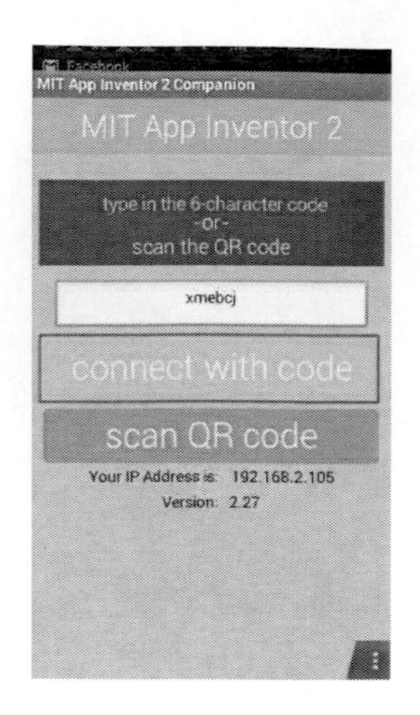

圖 270 執行程式

系統測試-進入系統

如下圖所示，如果程式沒有問題，我們就可以成功進入測試程式的主畫面。

圖 271 執行程式主畫面

選擇通訊藍芽裝置

如下圖所示，我們先選擇『SelectBT』來選擇藍芽裝置。

圖 272 選藍芽裝置

如下圖所示，會出現手機、平板中已經配對好的藍芽裝置。

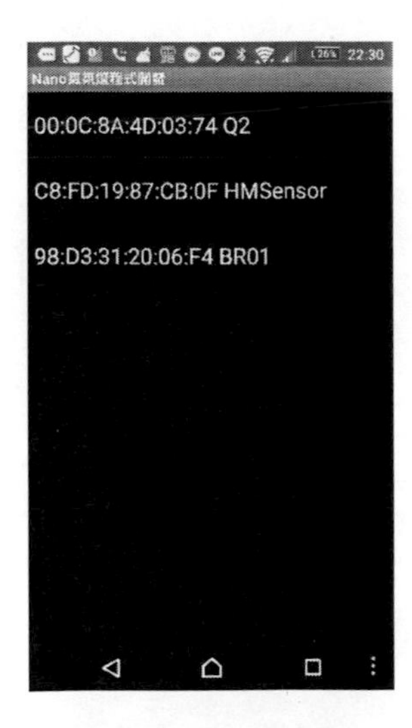

圖 273 顯示藍芽裝置

如下圖所示，我們可以選擇手機、平板中已經配對好的藍芽裝置。

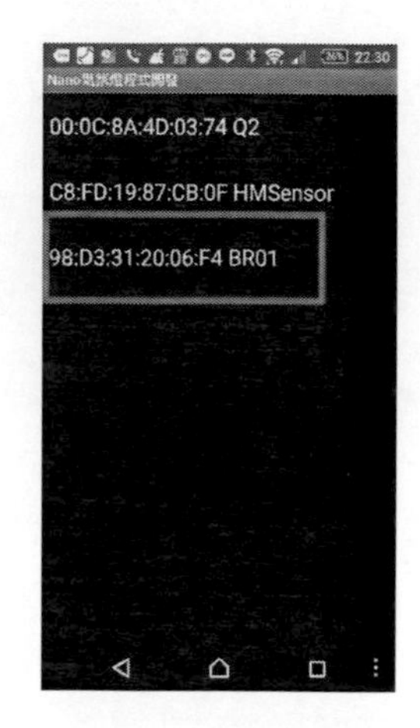

圖 274 選取藍芽裝置

系統測試-控制 RGB 燈泡並預覽顏色

如下圖所示，如果藍芽配對成功，可以正確連接您選擇的藍芽裝置，則會進入控制 RGB 燈泡的主畫面。

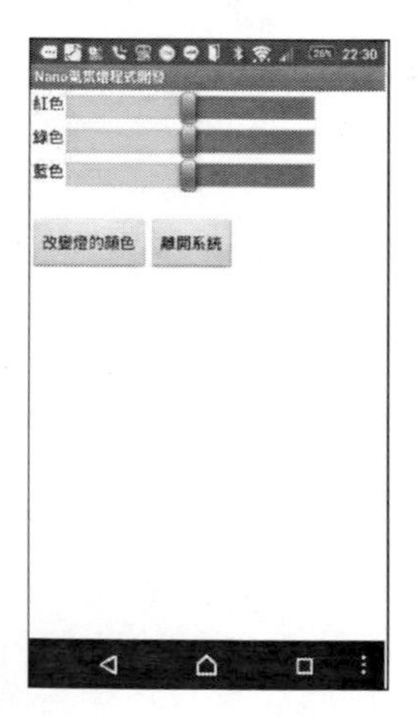

圖 275 系統主畫面

如下圖所示，我們進行測試變更顏色，看看系統回應如何。

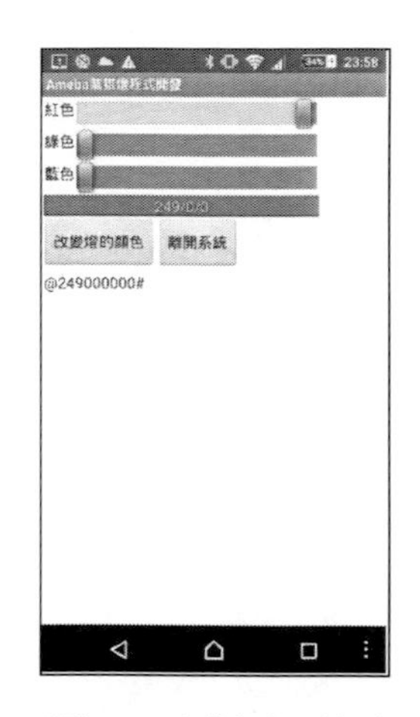

圖 276 測試變更顏色

系統測試-控制 RGB 燈泡並實際變更顏色

測試一

如下圖所示，我們進行測試變更顏色，看看系統回應如何，並將改變顏色透過手機藍芽裝置，傳送到 RGB 三原色混色資料到開發版上，進行 RGB LED 顏色變更，進而產生想要的顏色。

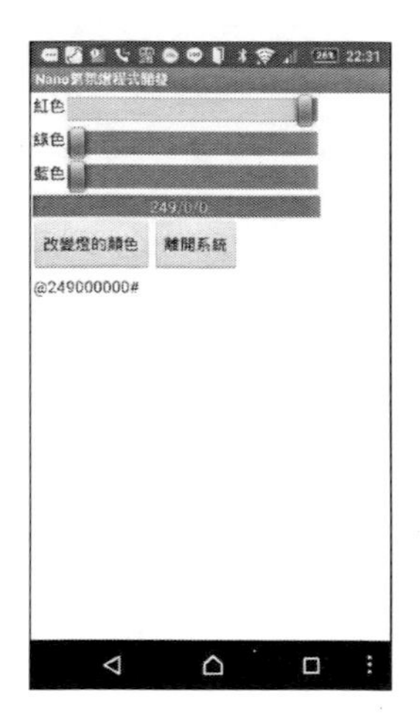

圖 277 顏色測試一

如下圖所示，我們可以見到 WS2812B 全彩燈泡模組以變更對應的顏色。

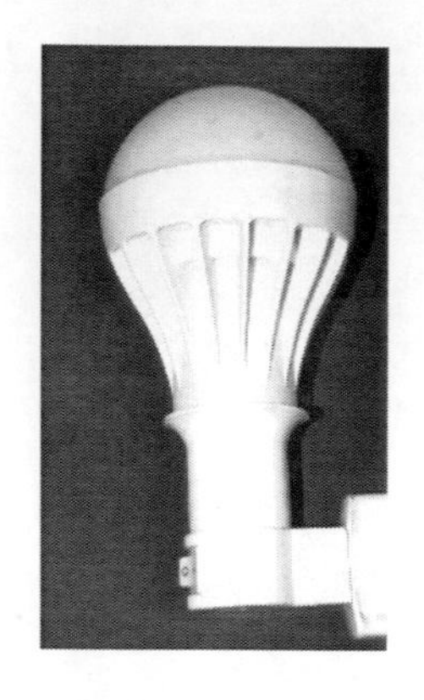

圖 278 燈泡測試顏色一

測試二

如下圖所示，我們進行測試變更顏色，看看系統回應如何，並將改變顏色透過手機藍芽裝置，傳送到 RGB 三原色混色資料到開發版上，進行 RGB LED 顏色變更，進而產生想要的顏色。

圖 279 顏色測試二

如下圖所示，我們可以見到 WS2812B 全彩燈泡模組以變更對應的顏色。

圖 280 燈泡測試顏色二

測試三

如下圖所示，我們進行測試變更顏色，看看系統回應如何，並將改變顏色透過手機藍芽裝置，傳送到 RGB 三原色混色資料到開發版上，進行 RGB LED 顏色變更，進而產生想要的顏色。

圖 281 顏色測試三

如下圖所示，我們可以見到 WS2812B 全彩燈泡模組以變更對應的顏色。

圖 282 燈泡測試顏色三

測試四

如下圖所示，我們進行測試變更顏色，看看系統回應如何，並將改變顏色透過手機藍芽裝置，傳送到 RGB 三原色混色資料到開發版上，進行 RGB LED 顏色變更，進而產生想要的顏色

圖 283 顏色測試四

如下圖所示，我們可以見到 WS2812B 全彩燈泡模組以變更對應的顏色。

圖 284 燈泡測試顏色四

結束系統測試

如下圖所示，如果我們要離開系統，按下下圖所示之『離開系統』之按鈕，便可以離開系統。

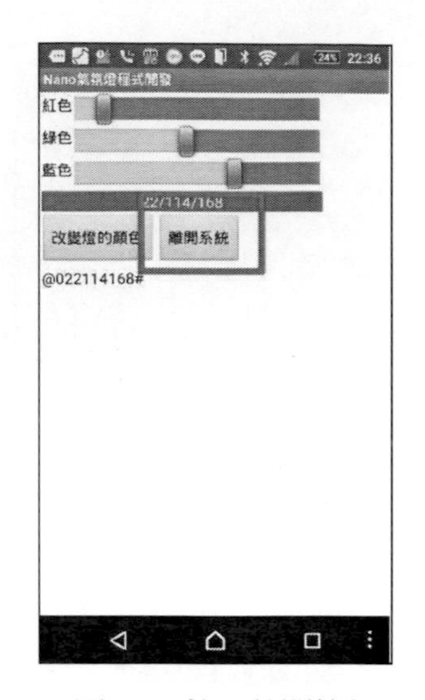

圖 285 按下離開按鈕

如下圖所示，按下上圖所示之『離開系統』之按鈕，會出現提示對話窗，選擇『確定』之按鈕便可以離開系統。

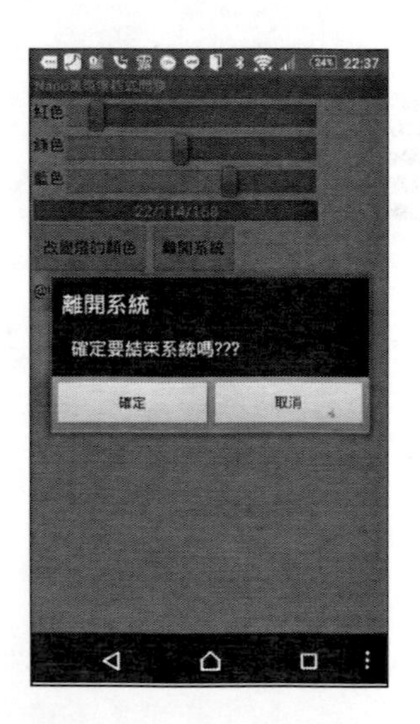

圖 286 確定離開系統提示

章節小結

本章主要介紹之如何透過 APP Inventor 2 來攥寫手機應用系統，進而透過自己寫的手機應用系統來控制 Arduino Nano 開發板的 WS2812B 全彩燈泡模組。

透過本章節的解說，相信讀者會對連接、使用 APP Inventor 2 來攥寫手機應用系統，有更深入的了解與體認。

CHAPTER

預覽功能之手機進階程式開發

上章節介紹，我們已經可以使用 Arduino Nano 開發版整合藍芽模組控制控制雙色發光二極體明滅，並透過手機 BlueToothRC 應用程式之鍵盤輸入子功能輸入，將 RGB(紅色、綠色、藍色)三個顏色的代碼輸入，透過解碼來還原 RGB(紅色、綠色、藍色)三個顏色值，進而填入全彩發光二極體的發光顏色電壓，來控制顏色，如此已經充分驗證 Arduino Nano 開發版控制全彩發光二極體可行性。

開啟原有專案

由於我們使用 Android 作業系統的手機或平板與 Arduino 開發板的裝置進行控制，由於手機或平板的設計限制，通常無法使用硬體方式連接與通訊，所以本節專門介紹如何在手機、平板上如何使用常見的藍芽通訊來通訊，本節主要介紹 App Inventor 2 如何建立一個藍芽通訊模組。

首先，如下圖所示，我們在 App Inventor 2 中先開起專案目錄。

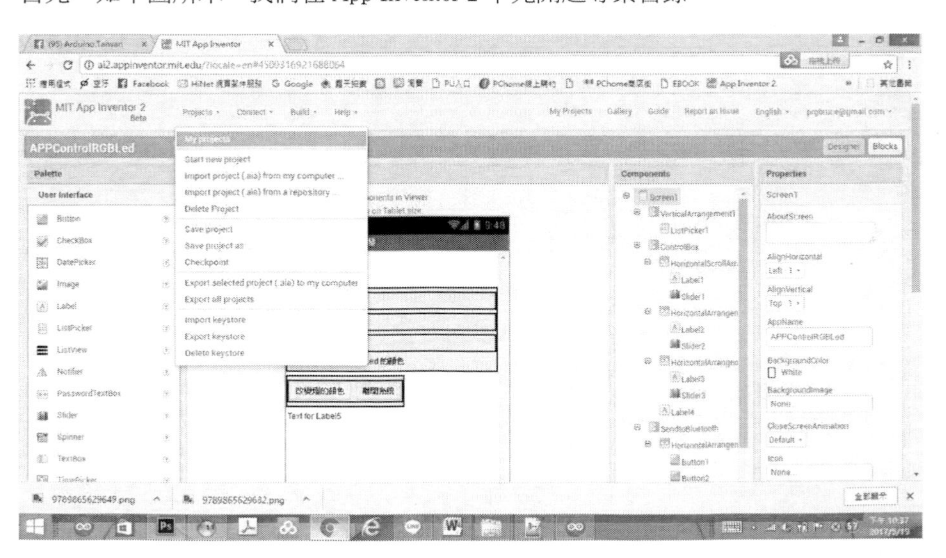

圖 287 開啟專案目錄

首先，如下圖所示為專案目錄畫面。

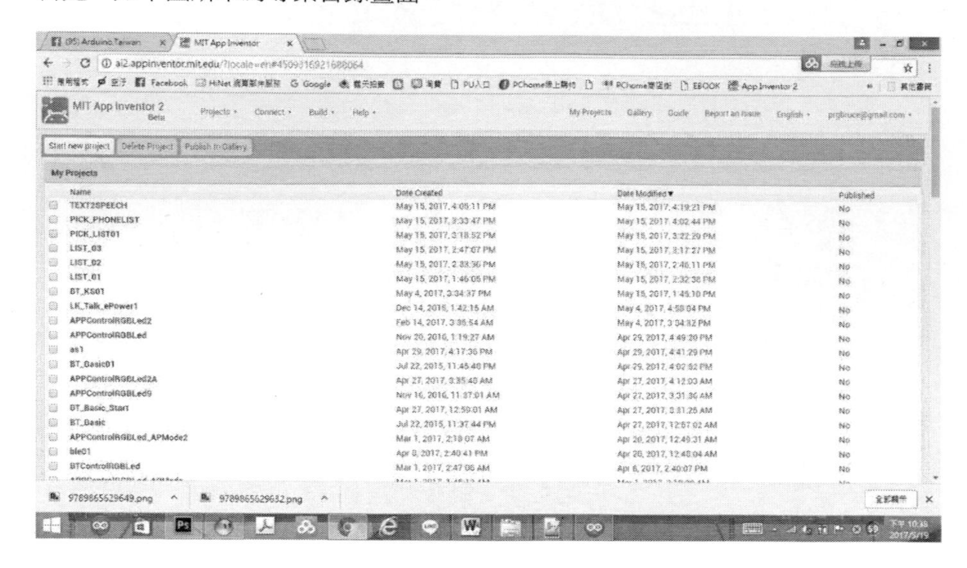

圖 288 顯示專案列表

首先，如下圖所示，選擇原有的專案『APPControlLed』。

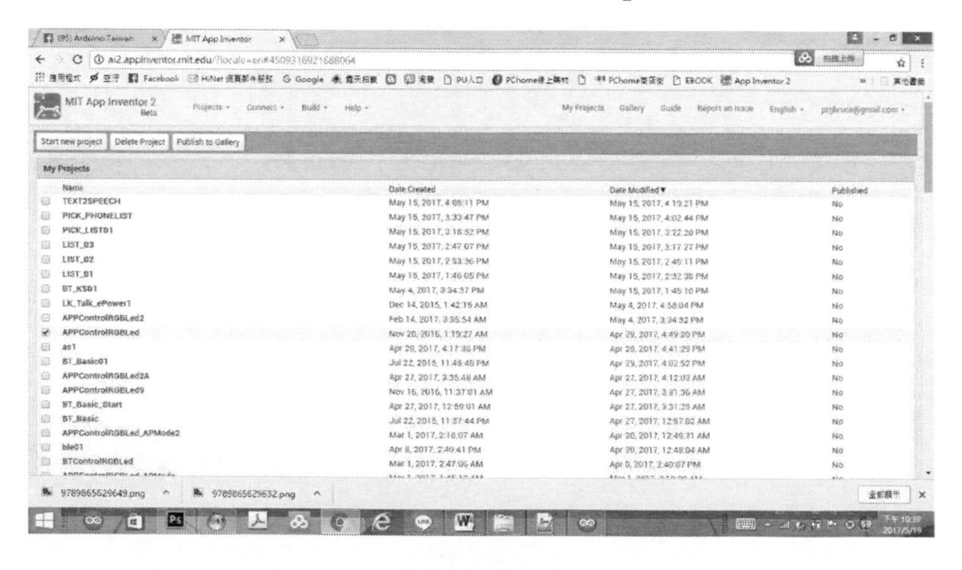

圖 289 顯示專案列表

首先，如下圖所示，開啟專案後，將專案名稱選擇另存專案之功。

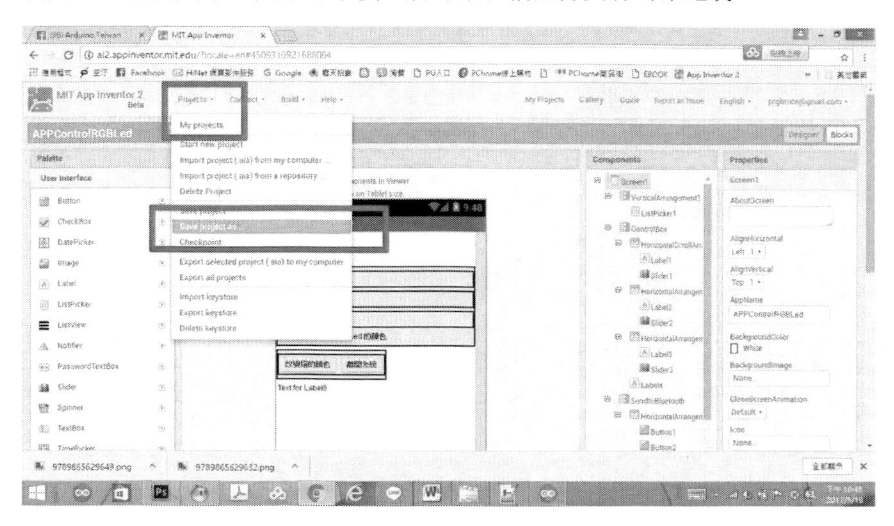

圖 290 另存專案

首先，如下圖所示，將原專案另存檔名為 APPControlRGBLed2。

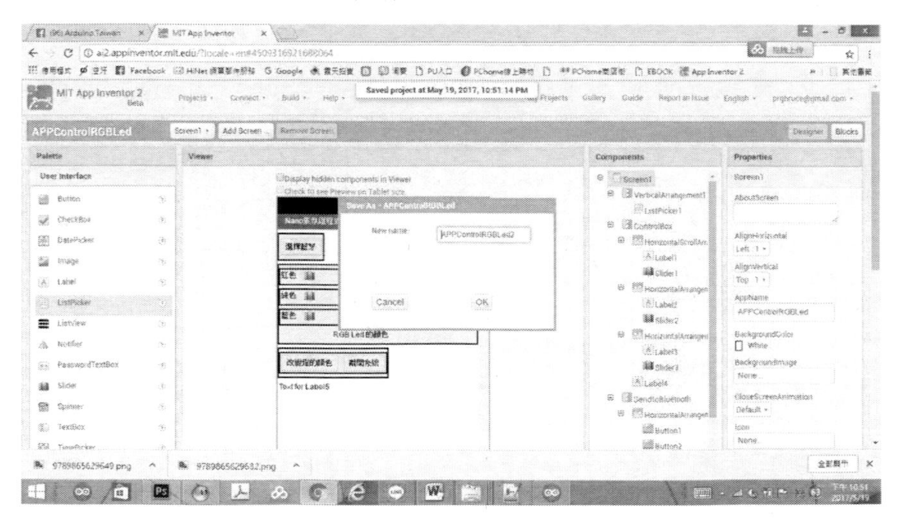

圖 291 另存檔名為 APPControlRGBLed2

進行介面擴增

我們完成原有的 APPControlRGBLed 名稱修改為：APPControlRGBLed2 後，開始進行介面擴增之功能。

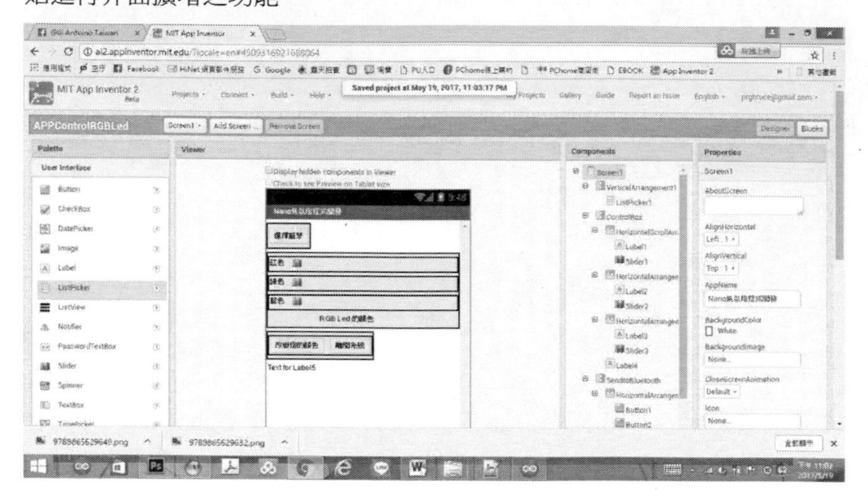

圖 292 進入進階程式開發

色盤介面擴增

首先，如下圖所示，為們先插入 canvas 物件。

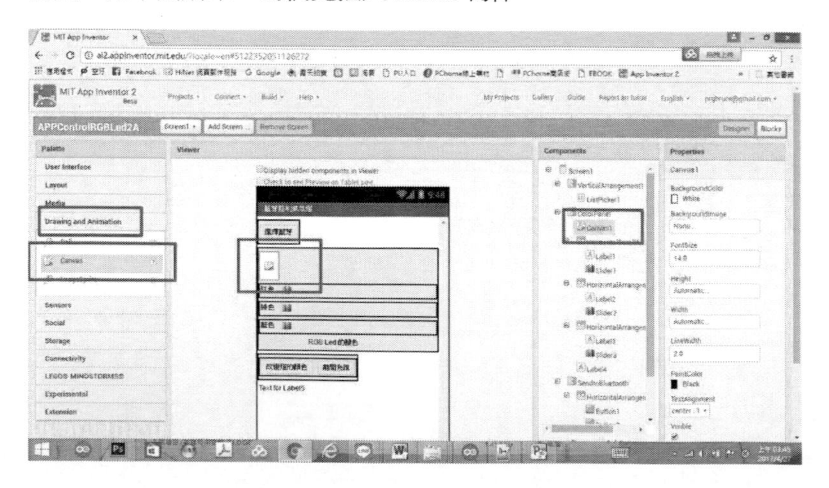

圖 293 插入 canvas 物件

首先，如下圖所示，我們修改 canvas 物件名稱。

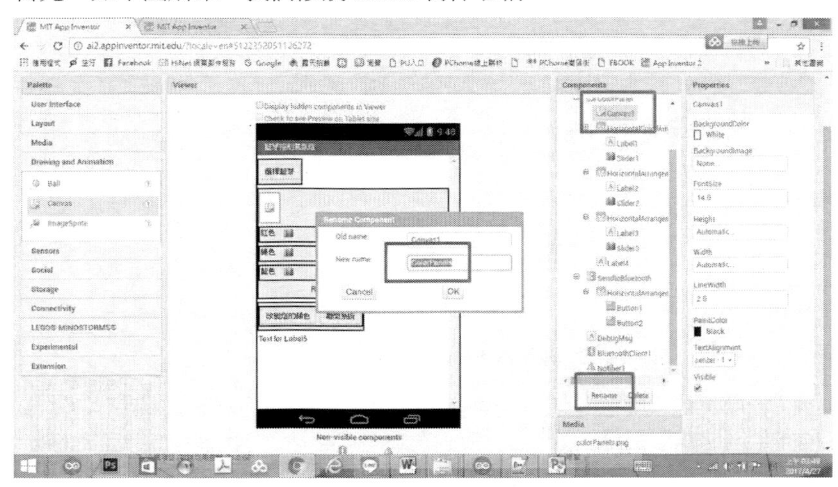

圖 294 修改 canvas 物件名稱

首先，如下圖所示，我們為了可以使用色盤功能，我們必須先將色盤圖片上傳到專案資源之中。

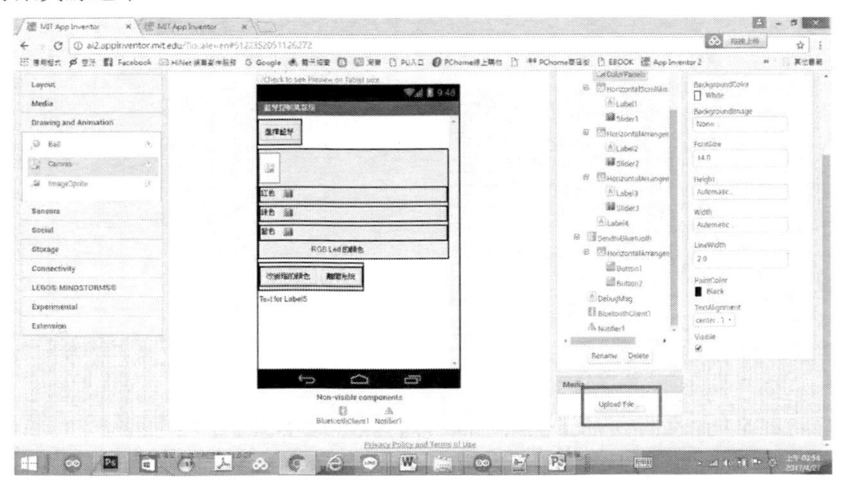

圖 295 上傳圖片物件

首先，如下圖所示，為上傳圖片對話窗。

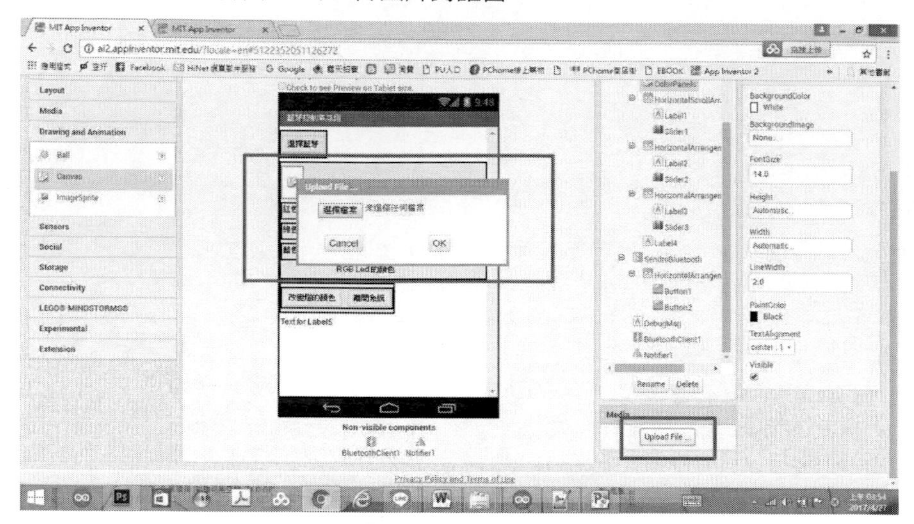

圖 296 上傳圖片對話窗

首先，如下圖所示，為上傳圖片之畫面。

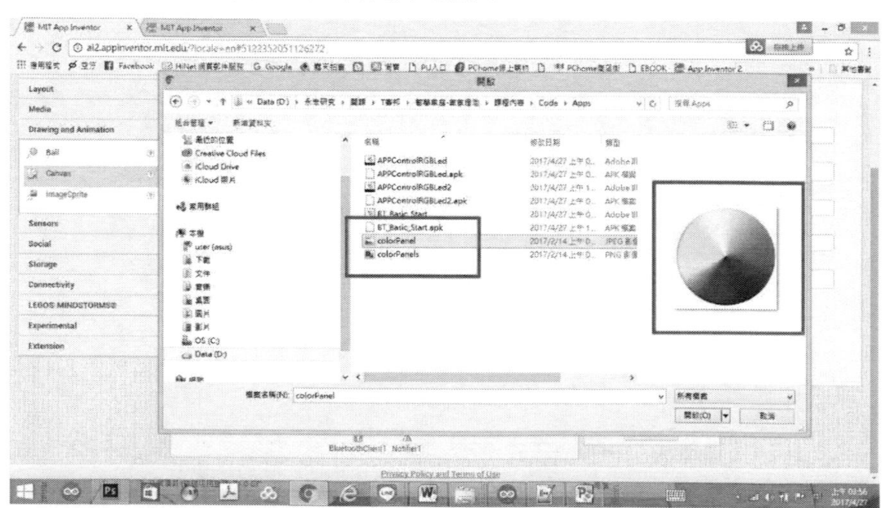

圖 297 上傳圖片對話窗

首先，如下圖所示，完成完成上傳圖片。

圖 298 完成上傳圖片

首先，如下圖所示，完成準備上傳圖片。

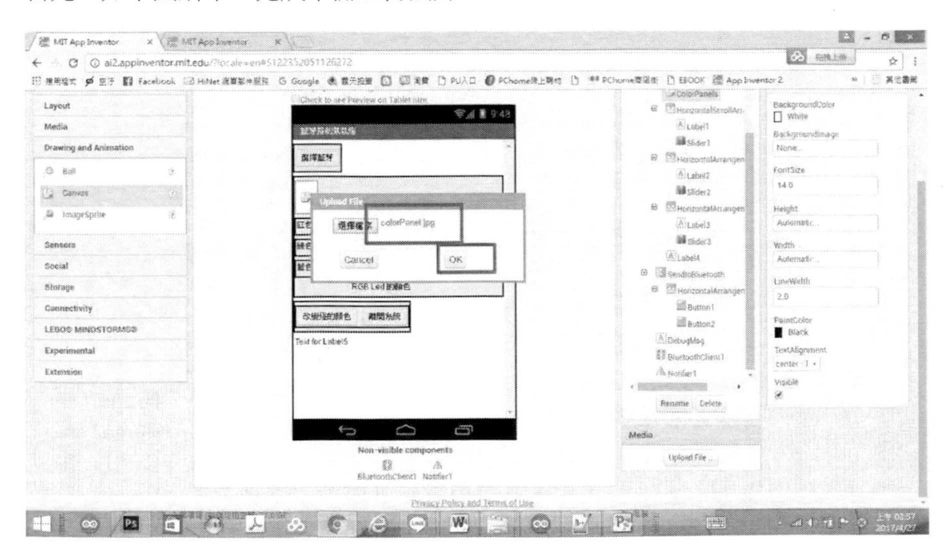

圖 299 準備上傳圖片

首先，如下圖所示，為設定 canvas 物件顯示圖片。

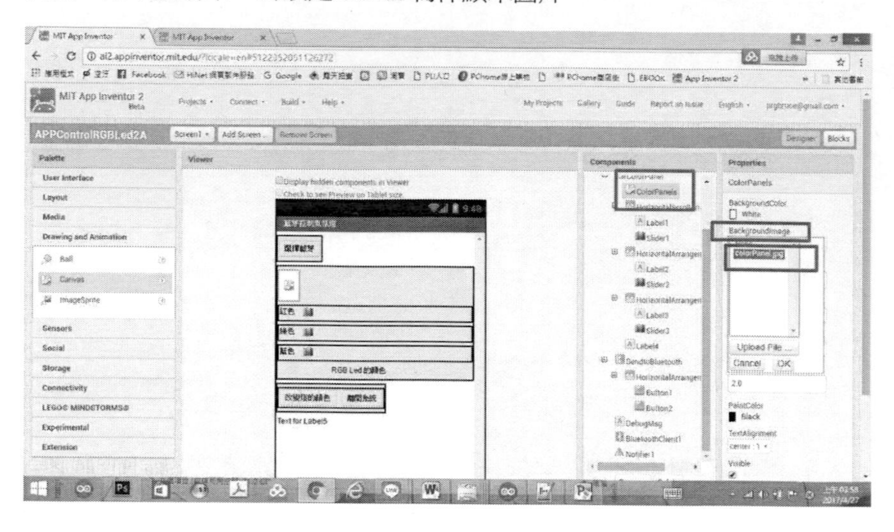

圖 300 設定 canvas 物件顯示圖片

首先，如下圖所示，我們完成 canvas 物件顯示圖片之設定。

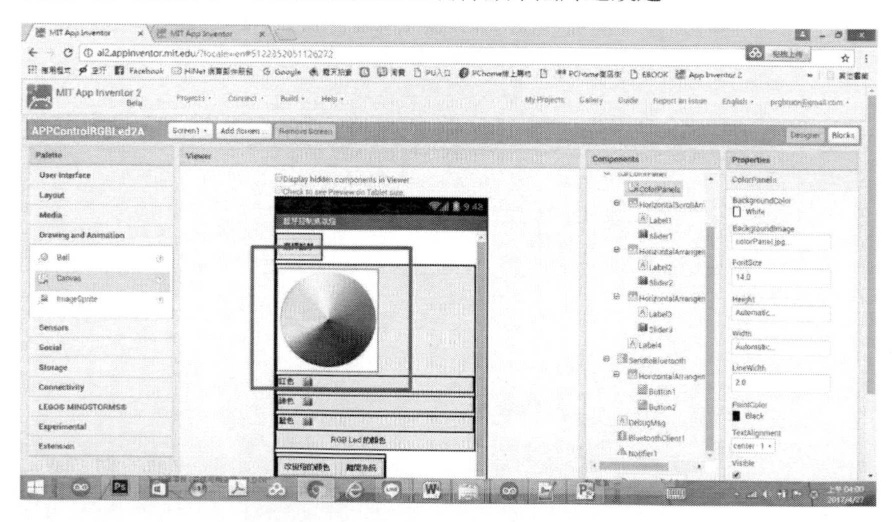

圖 301 完成 canvas 物件顯示圖片

首先，如下圖所示，我們進行設定 canvas 物件顯示圖片高度。

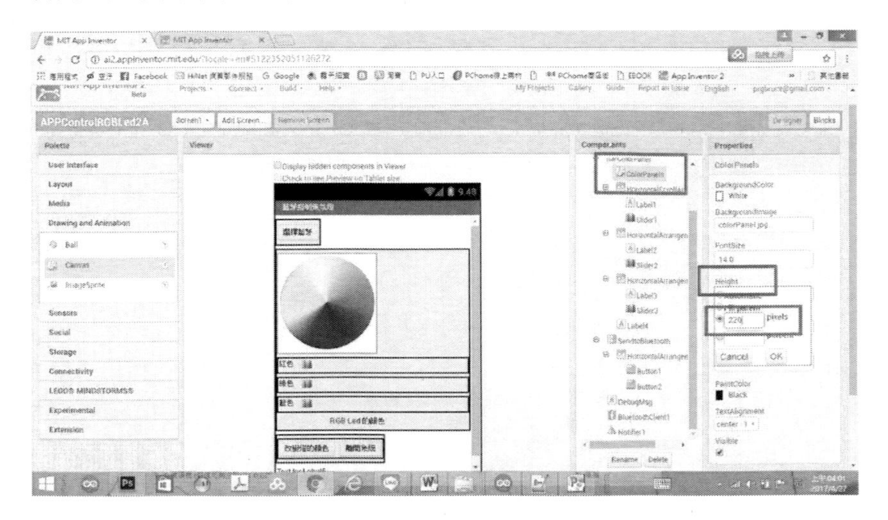

圖 302 設定 canvas 物件顯示圖片高度

首先，如下圖所示，我們進行設定 canvas 物件顯示圖片寬度。

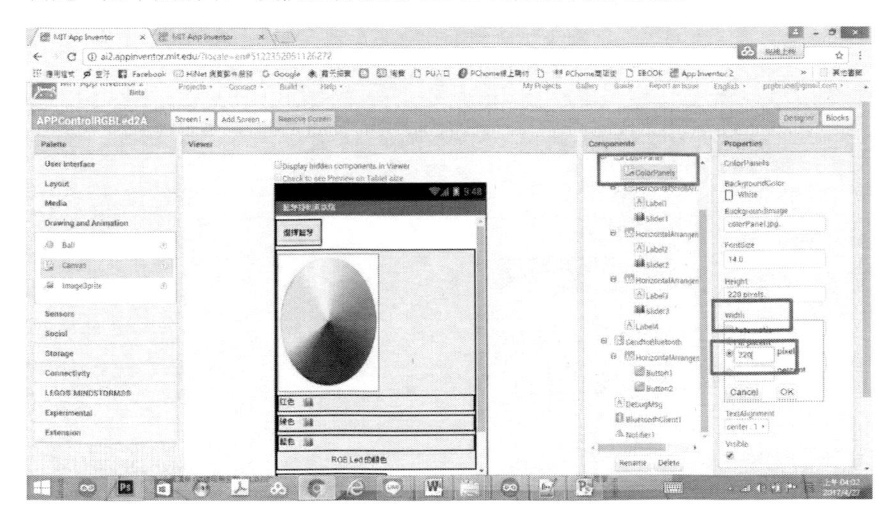

圖 303 設定 canvas 物件顯示圖片寬度

擴增即時顯示功能

首先，如下圖所示，為了可以即時顯示所選的顏色，我們插入 chek 物件。

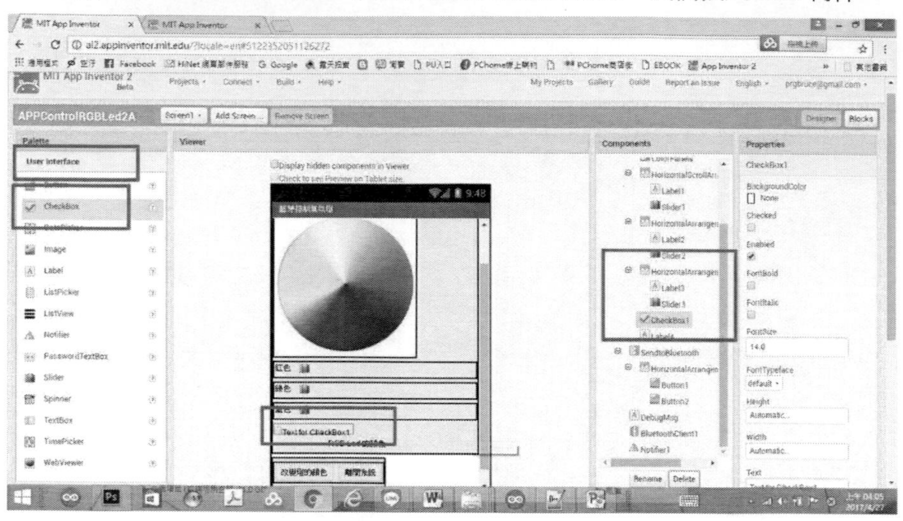

圖 304 插入 chek 物件

首先，如下圖所示，我們修改 check 物件名稱。

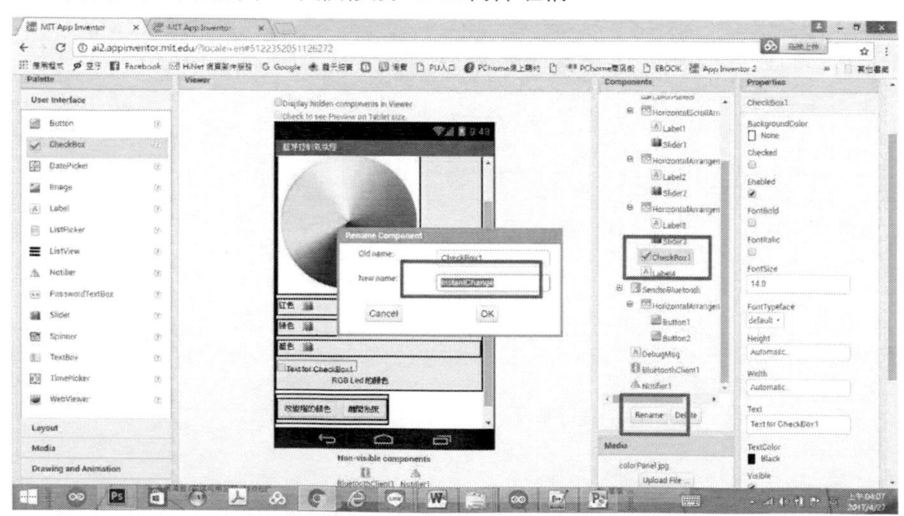

圖 305 修改 check 物件名稱

首先，如下圖所示，我們完成修改 check 物件名稱。

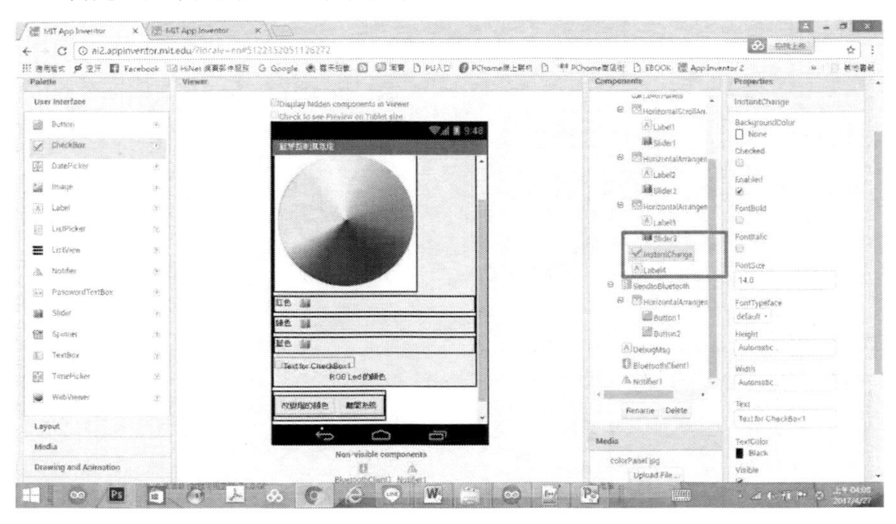

圖 306 完成修改 check 物件名稱

擴增關燈功能

首先，如下圖所示，為了可以擴增關燈功能，我們插入 button 物件。

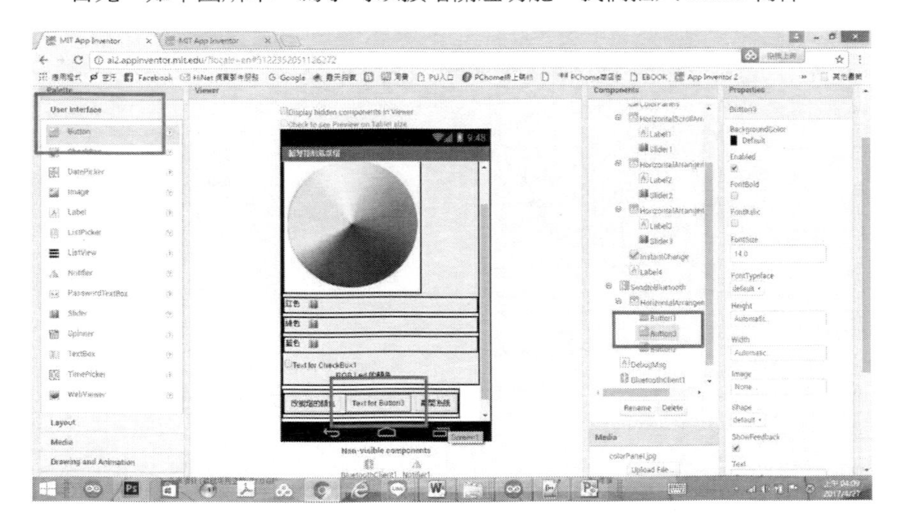

圖 307 插入 button 物件

首先，如下圖所示，我們修改 button 物件顯示內容。

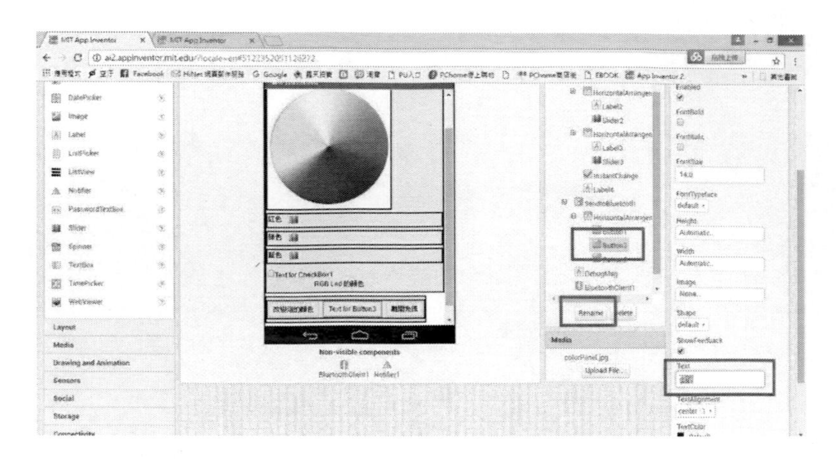

圖 308 修改 button 物件顯示內容

修改系統名稱

如下圖所示，我們將系統名稱與系統抬頭修改為『藍芽控制氣氛燈』

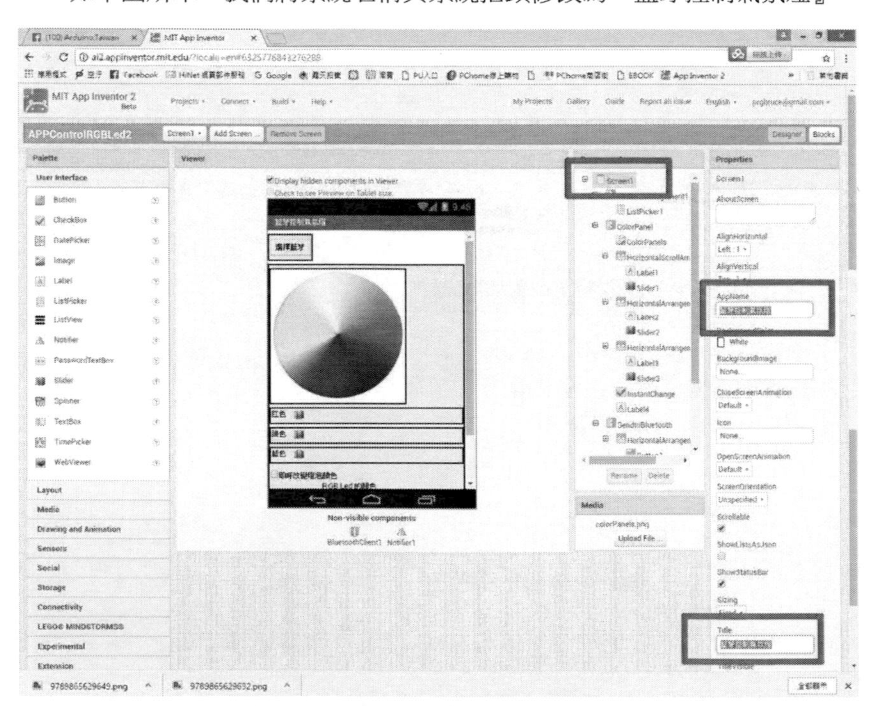

圖 309 修改系統名稱

控制程式開發-初始化

切換程式設計視窗

如下圖所示，我們為了編修程式，請點選如下圖所示之紅框區『Blocks』按紐。

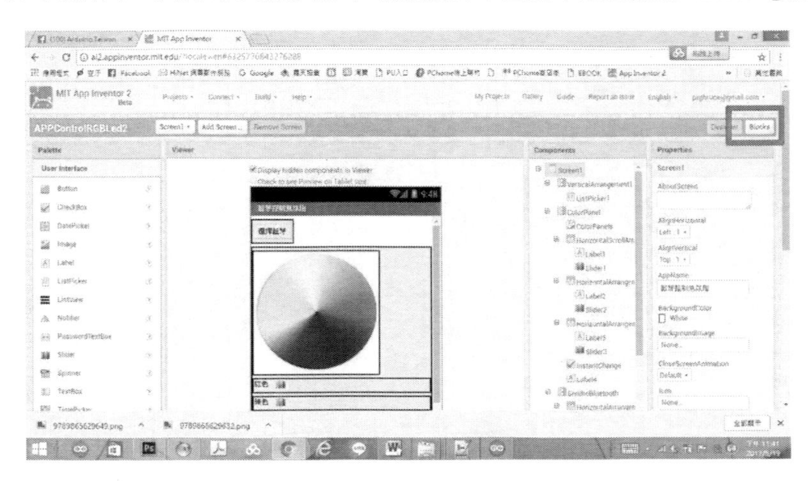

圖 310 切換程式設計模式

如下圖所示，，下圖所示之紅框區為 App Inventor 2 的程式編輯區。

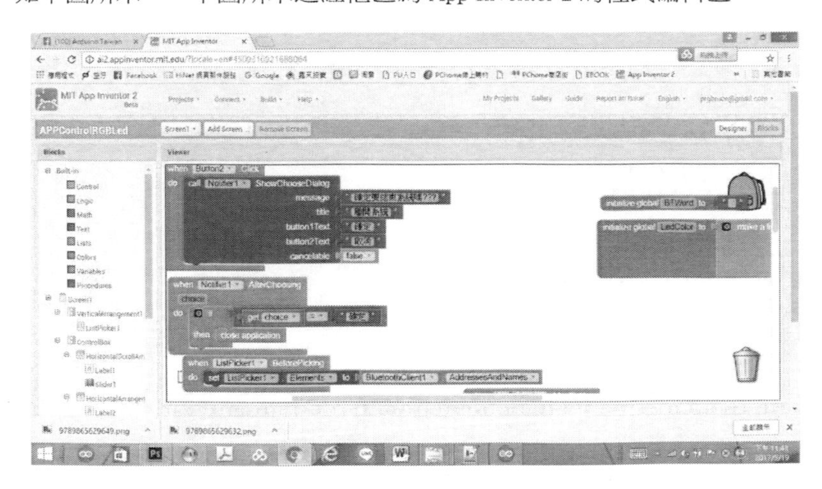

圖 311 目前程式設計模式內容主畫面

初始化變數

如下圖所示，我們在 App Inventor 2 的程式編輯區，建立 RGB 變數。

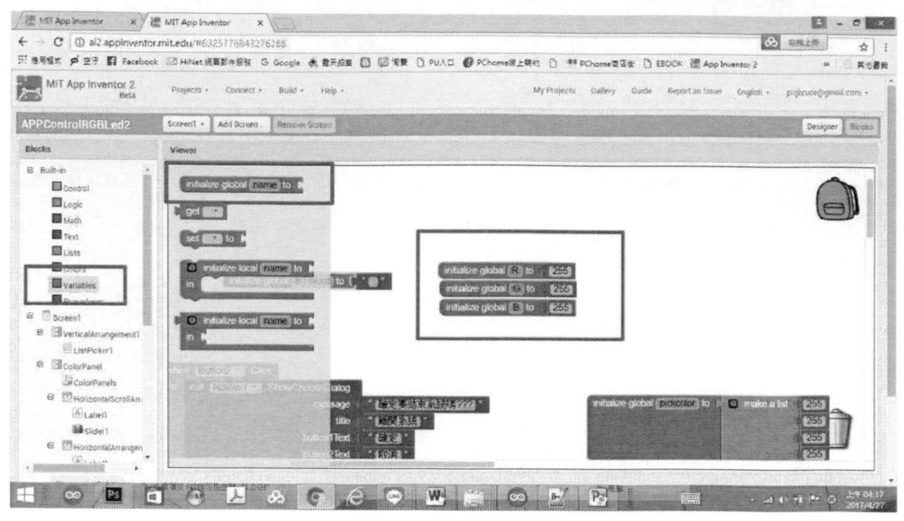

圖 312 建立 RGB 變數

如下圖所示，我們在 App Inventor 2 的程式編輯區，建立 pickcolor 變數。

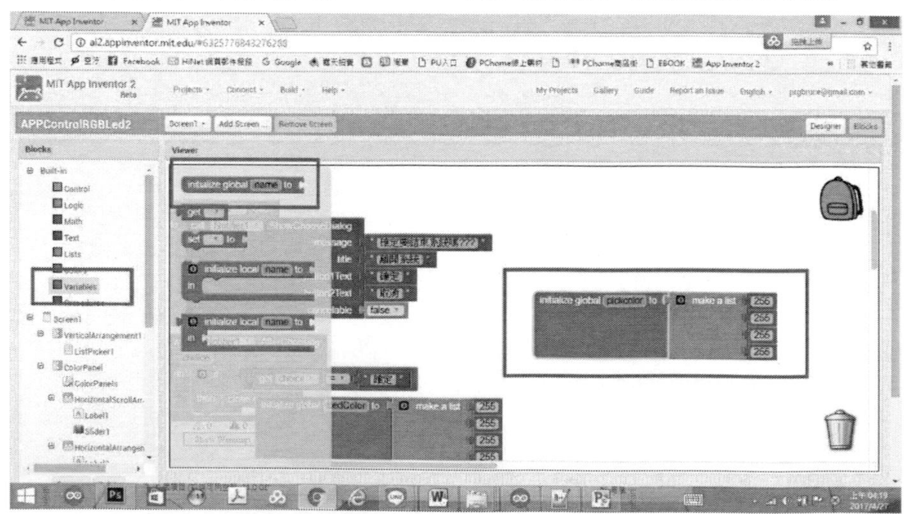

圖 313 建立 pickcolor 變數

使用者函式設計

如下圖所示，我們在 App Inventor 2 的程式編輯區，修正 DisplayColor 函式。

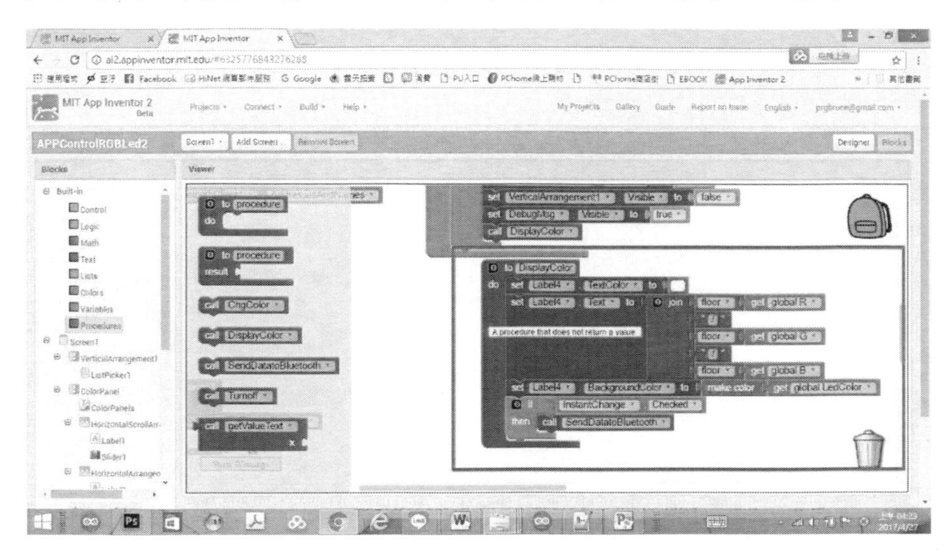

圖 314 修正 DisplayColor 函式

如下圖所示，我們在 App Inventor 2 的程式編輯區，建立 ColorPanel 觸控函式。

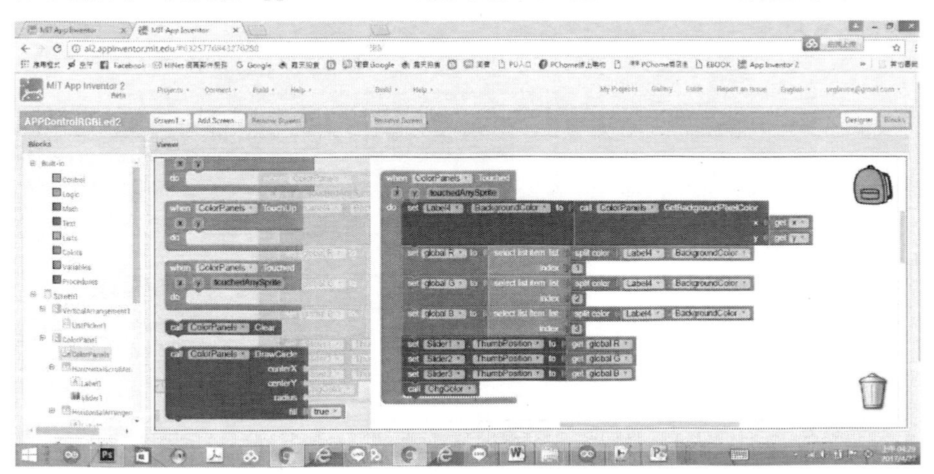

圖 315 建立 ColorPanel 觸控函式

如下圖所示，我們在 App Inventor 2 的程式編輯區，建立 ChgColor 函式。

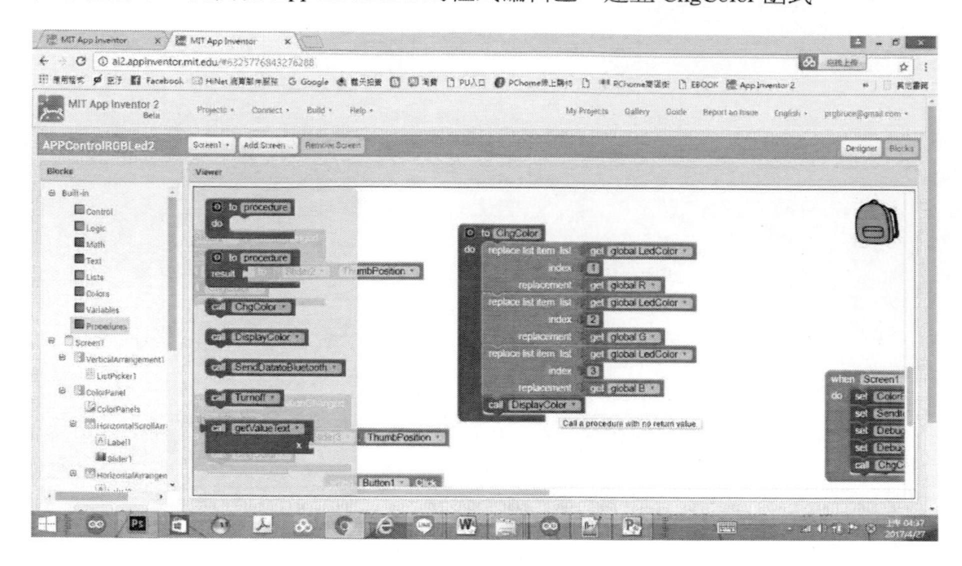

圖 316 建立 ChgColor 函式

如下圖所示，我們修正控制紅色顏色的控制程式。

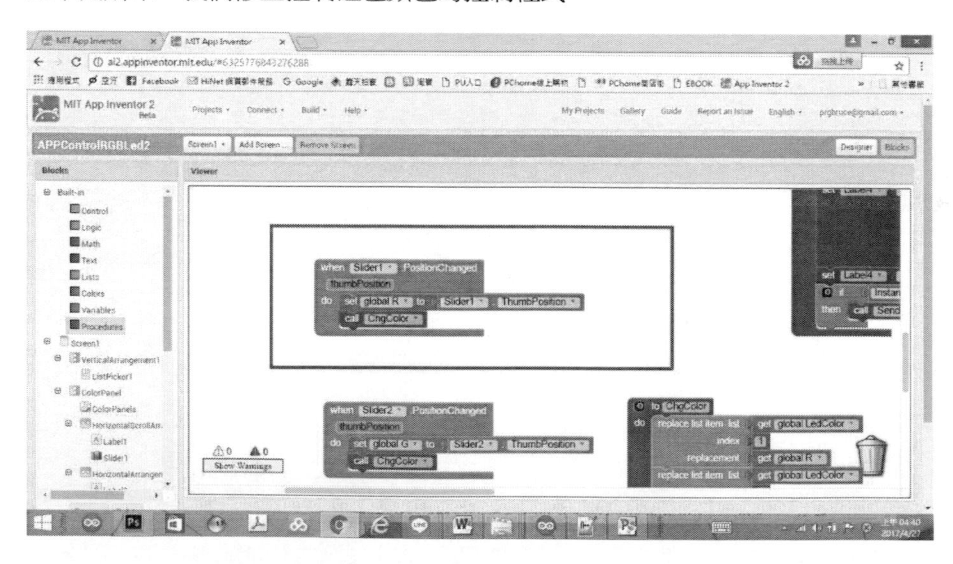

圖 317 修正控制紅色顏色的控制程式

如下圖所示，我們修正控制綠色顏色的控制程式。

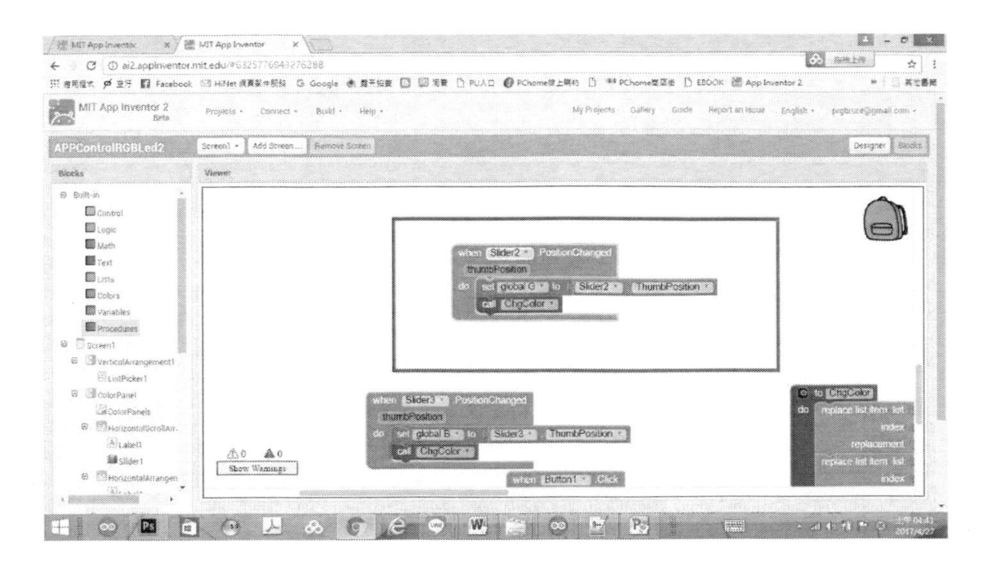

圖 318 修正控制綠色顏色的控制程式式

如下圖所示，我們修正控制藍色顏色的控制程式。

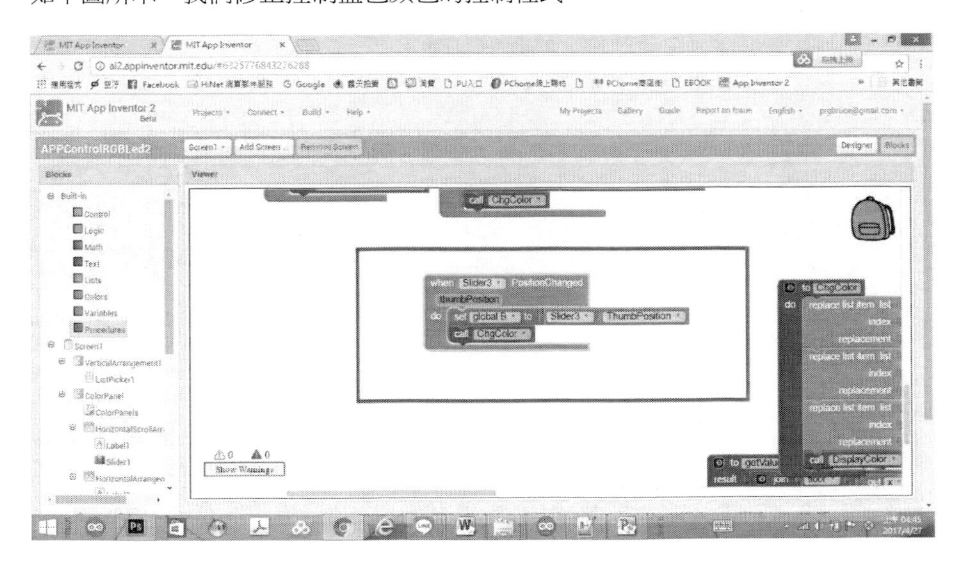

圖 319 修正控制藍色顏色的控制程式

如下圖所示，我們建立 Turnoff 函式。

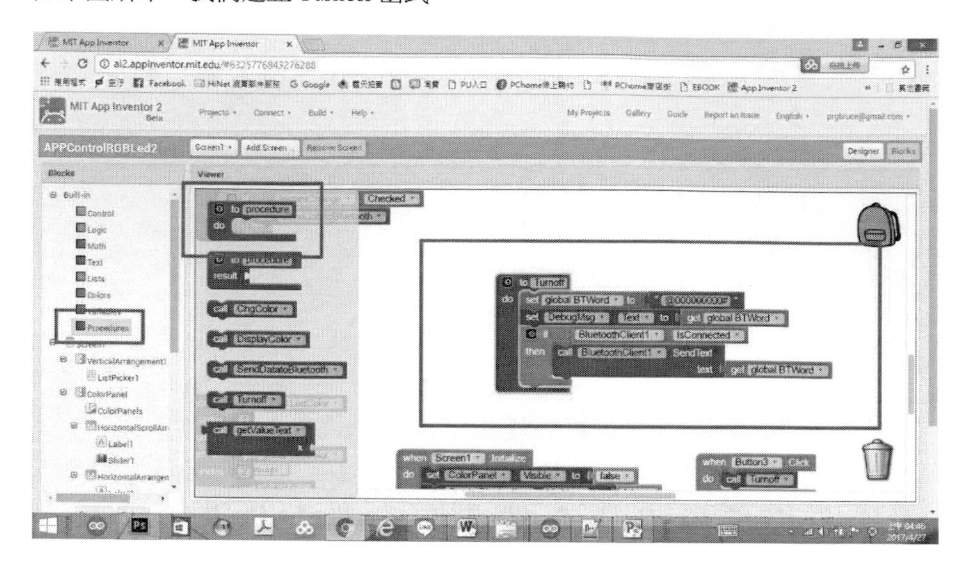

圖 320 建立 Turnoff 函式

如下圖所示，我們建立關燈動作。

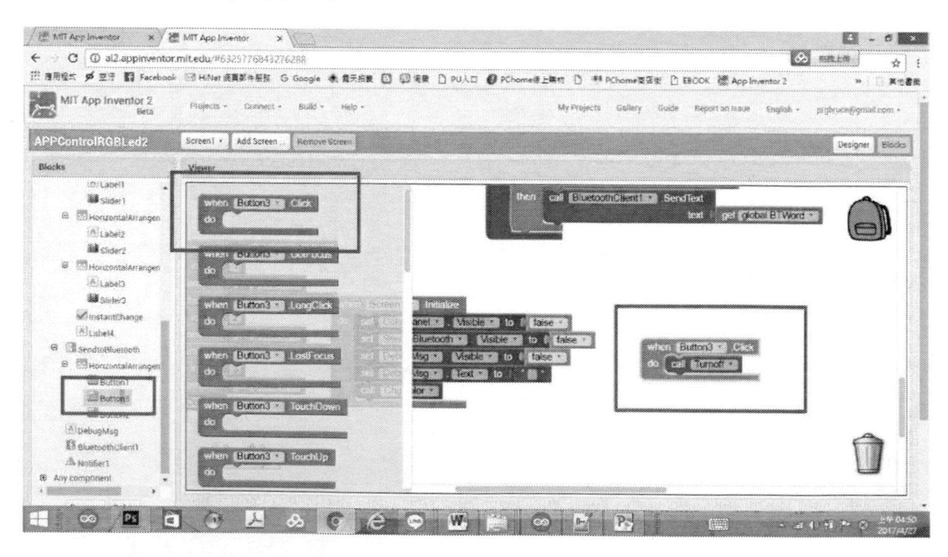

圖 321 建立關燈動作

如下圖所示，我們建立 SendDatatoBluetooth 函式。

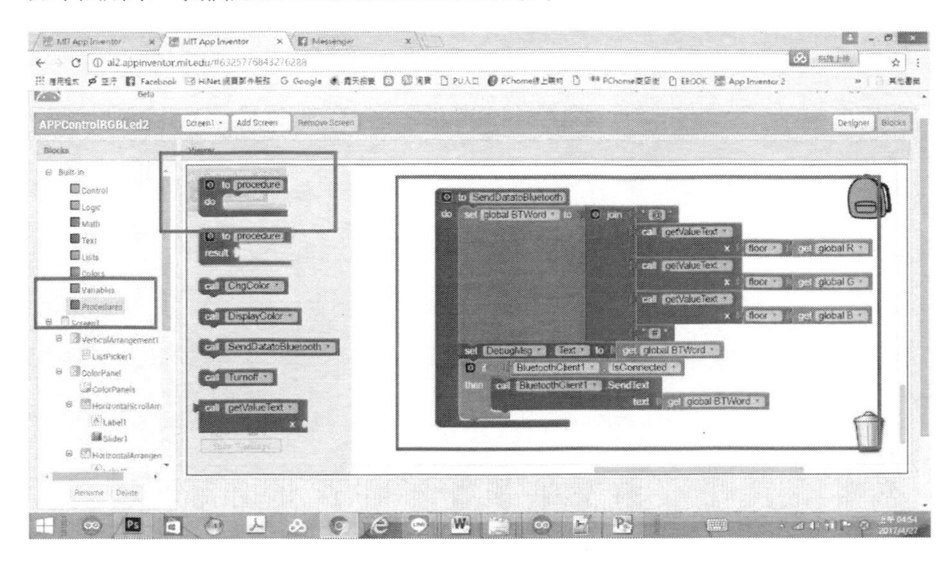

圖 322 建立 SendDatatoBluetooth 函式

系統測試-啟動 AICompanion

手機測試

首先，如下圖所示，我們在 App Inventor 2 程式模塊編輯畫面之中，在『Connect』的選單下，選取 AICompanion。

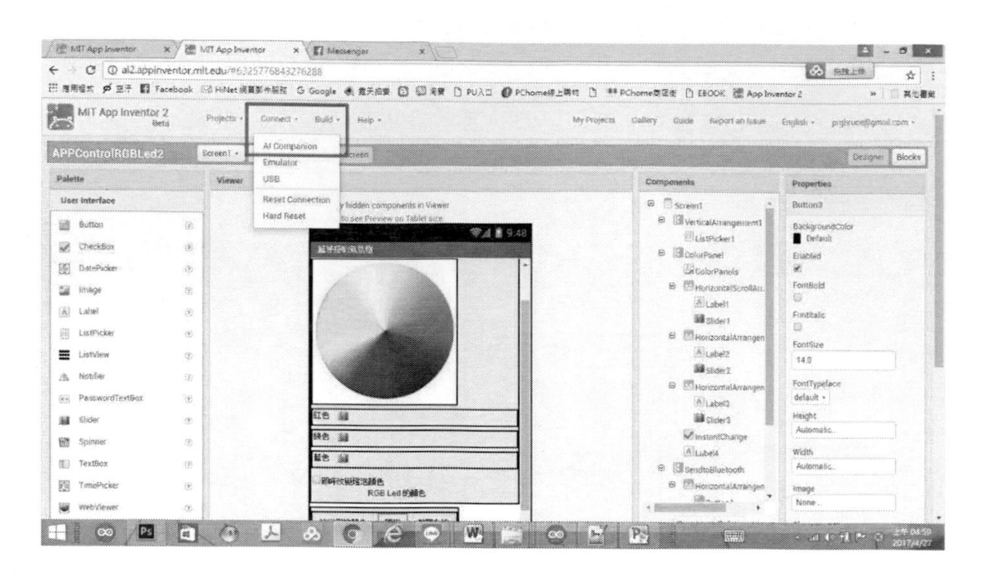

圖 323 啟動手機測試功能

掃描 QR Code

如下圖所示，系統會出現一個 QR Code 的畫面。

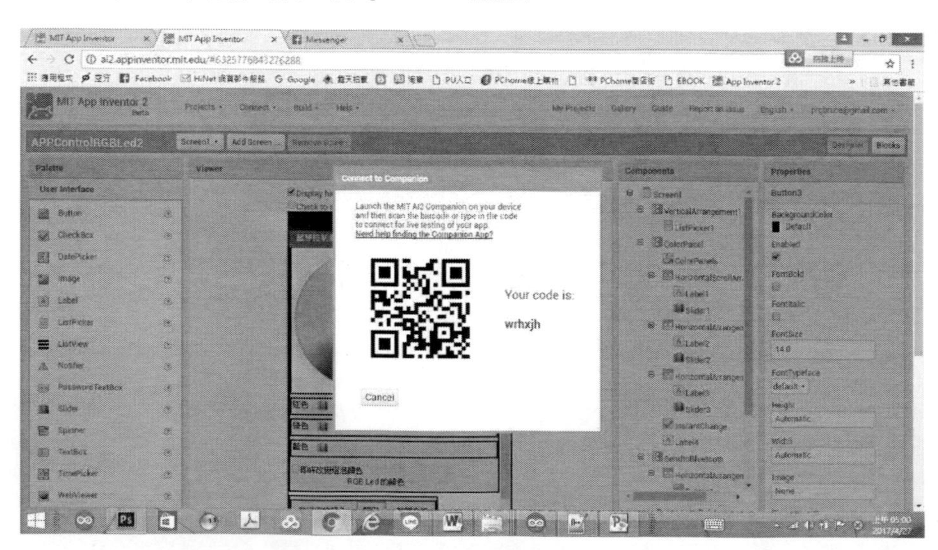

圖 324 手機 QRCODE

如下圖所示，我們在使用 Android 的手機、平板，執行已安裝好的『MIT App

Inventor 2 Companion』，點選之後進入如下圖。

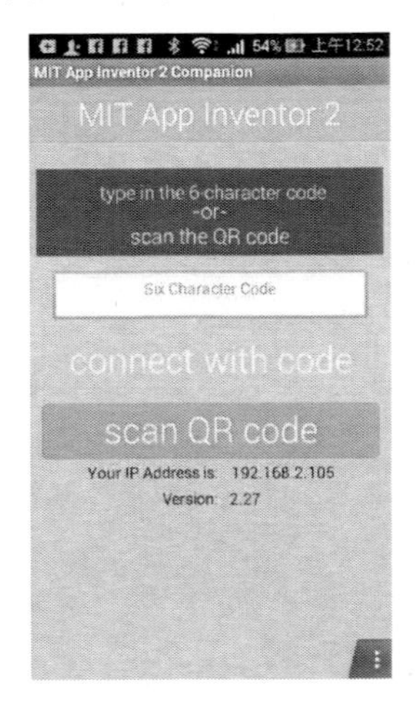

圖 325 啟動 MIT_AI2_Companion

如下圖所示，我們在選擇『scan QR code，點選之後進入如下圖。

圖 326 掃描 QRCode

如下圖所示，手機會啟動掃描 QR code 的程式功能，這時後只要將手機、平板的 Camera 鏡頭描準畫面的 QR Code 就可以了。

圖 327 掃描 QRCodeing

如下圖所示，如果手機會啟動掃描 QR code 成功的話，系統會回傳 QR Code 碼到如下圖所示的紅框之中。

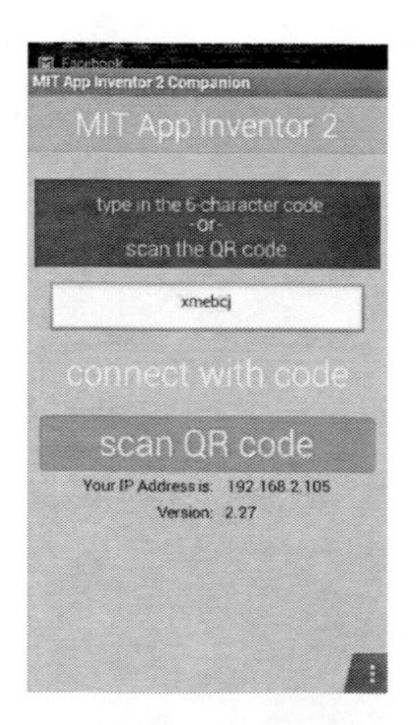

圖 328 取得 QR 程式碼

如下圖所示，我們點選如下圖所示的紅框之中的『connect with code』，就可以進入測試程式區。

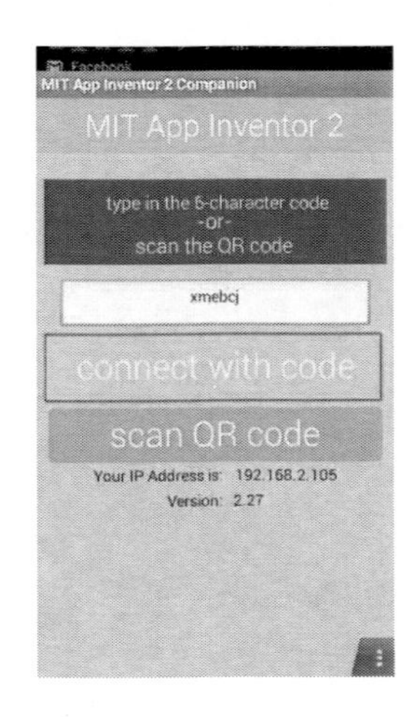

圖 329 執行程式

系統測試-進入系統

如下圖所示，如果程式沒有問題，我們就可以成功進入測試程式的主畫面。

圖 330 執行程式主畫面

選擇通訊藍芽裝置

如下圖所示，我們先選擇『SelectBT』來選擇藍芽裝置。

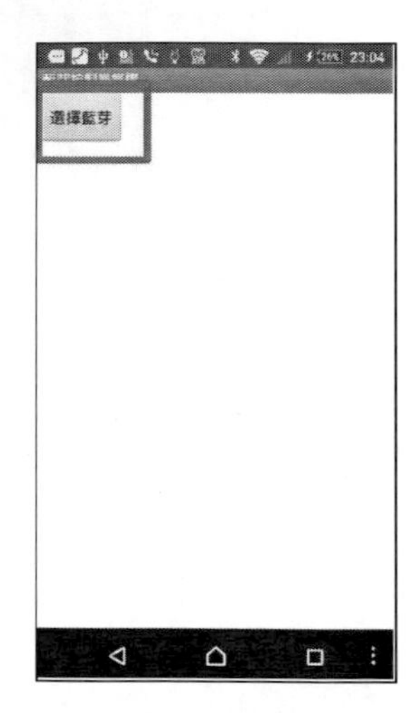

圖 331 選藍芽裝置

如下圖所示，會出現手機、平板中已經配對好的藍芽裝置。

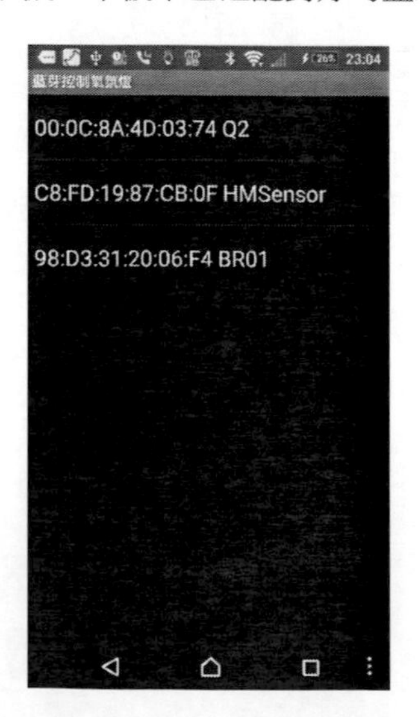

圖 332 顯示藍芽裝置

如下圖所示，我們可以選擇手機、平板中已經配對好的藍芽裝置。

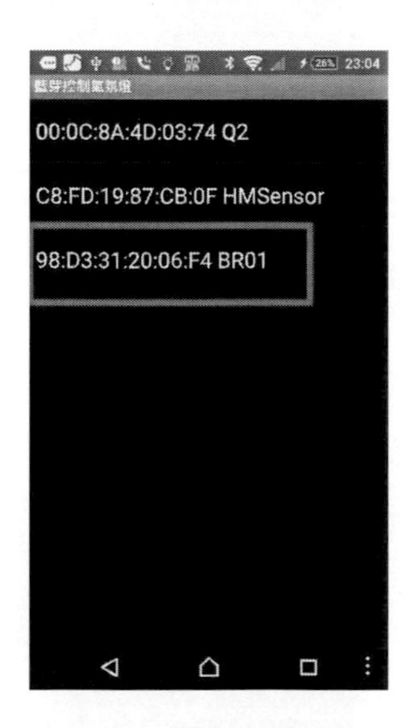

圖 333 選取藍芽裝置

系統測試-控制 RGB 燈泡並預覽顏色

如下圖所示，如果藍芽配對成功，可以正確連接您選擇的藍芽裝置，則會進入控制 RGB 燈泡的主畫面。

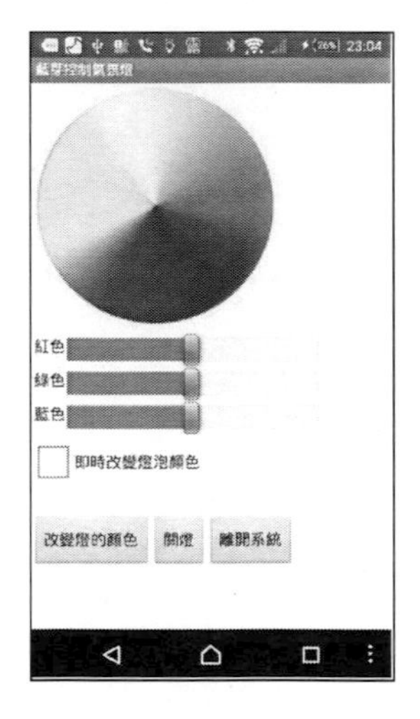

圖 334 系統主畫面

由下圖所示，我們可以在主畫面之中-勾選即時顯示之功能，可以即時顯示設

定之顏色 。

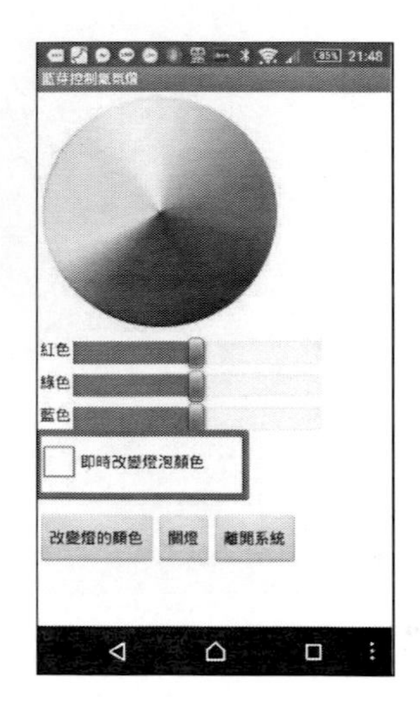

圖 335 控制主畫面-勾選即時顯示

如下圖所示，我們進行測試變更顏色，看看系統回應如何。

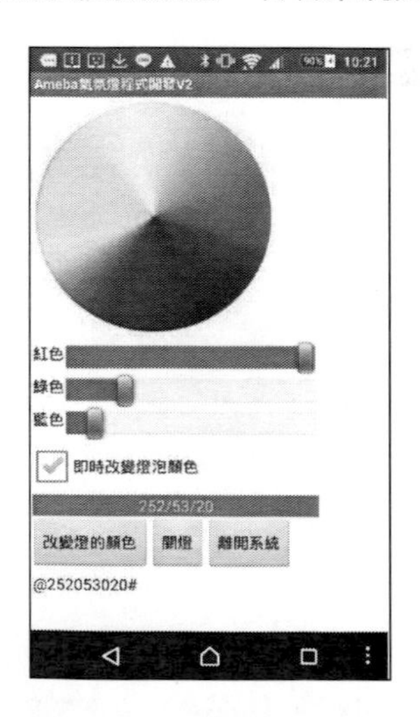

圖 336 測試變更顏色

系統測試-控制 RGB 燈泡並實際變更顏色

測試一

如下圖所示，我們進行測試變更顏色，看看系統回應如何，並將改變顏色透過手機藍芽裝置，傳送到 RGB 三原色混色資料到開發版上，進行 RGB LED 顏色變更，進而產生想要的顏色。

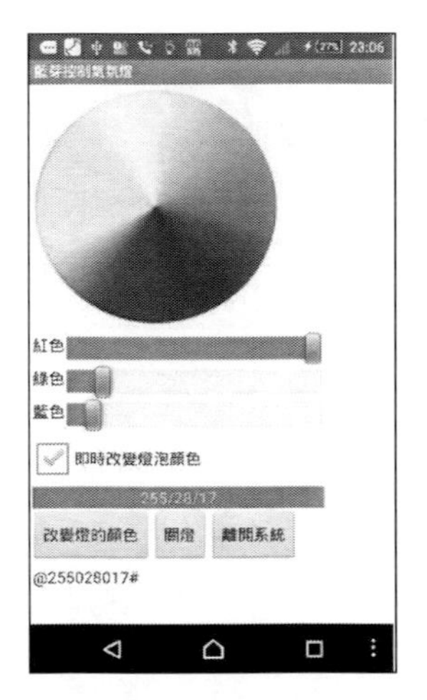

圖 337 顏色測試一

如下圖所示，我們可以見到 WS2812b RGB 模組以變更對應的顏色。

圖 338 燈泡顏色測試一

測試二

如下圖所示，我們進行測試變更顏色，看看系統回應如何，並將改變顏色透過手機藍芽裝置，傳送到 RGB 三原色混色資料到開發版上，進行 RGB LED 顏色變更，進而產生想要的顏色。

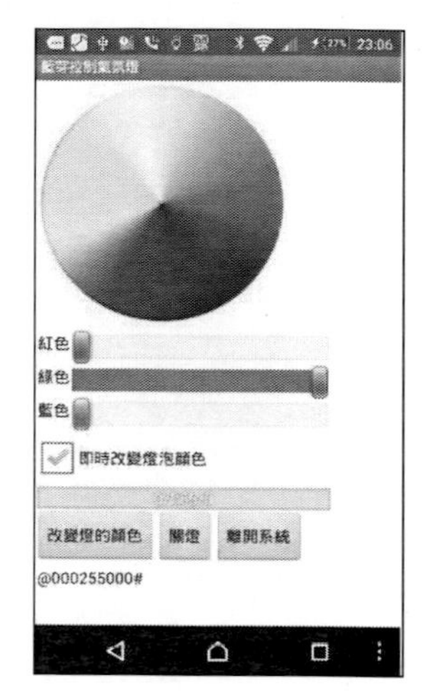

圖 339 顏色測試二

如下圖所示，我們可以見到 WS2812b RGB 模組以變更對應的顏色。

圖 340 燈泡顏色測試二

測試三

如下圖所示，我們進行測試變更顏色，看看系統回應如何，並將改變顏色透過手機藍芽裝置，傳送到 RGB 三原色混色資料到開發版上，進行 RGB LED 顏色變更，進而產生想要的顏色。

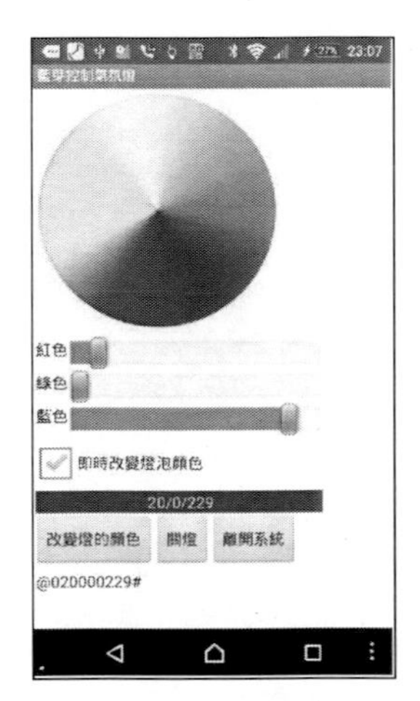

圖 341 顏色測試三

如下圖所示，我們可以見到 WS2812b RGB 模組以變更對應的顏色。

圖 342 燈泡顏色測試三

測試四

如下圖所示，我們進行測試變更顏色，看看系統回應如何，並將改變顏色透過手機藍芽裝置，傳送到 RGB 三原色混色資料到開發版上，進行 RGB LED 顏色變更，進而產生想要的顏色

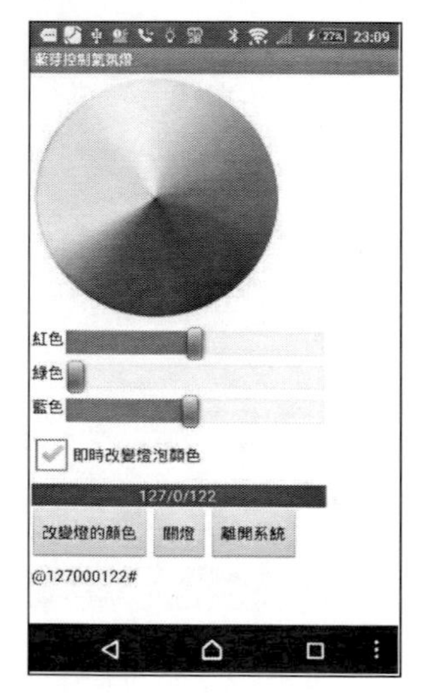

圖 343 顏色測試四

如下圖所示，我們可以見到 WS2812b RGB 模組以變更對應的顏色。

圖 344 燈泡顏色測試四

結束系統測試

如下圖所示，如果我們要離開系統，按下下圖所示之『離開系統』之按鈕，便可以離開系統。

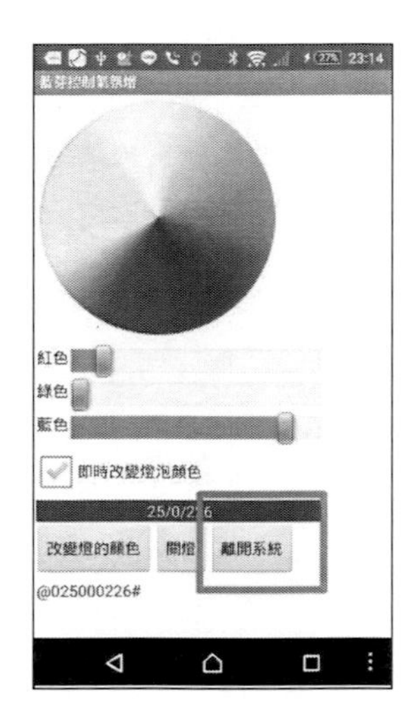

圖 345 按下離開按鈕

如下圖所示，按下上圖所示之『離開系統』之按鈕，會出現提示對話窗，選擇『確定』之按鈕便可以離開系統。

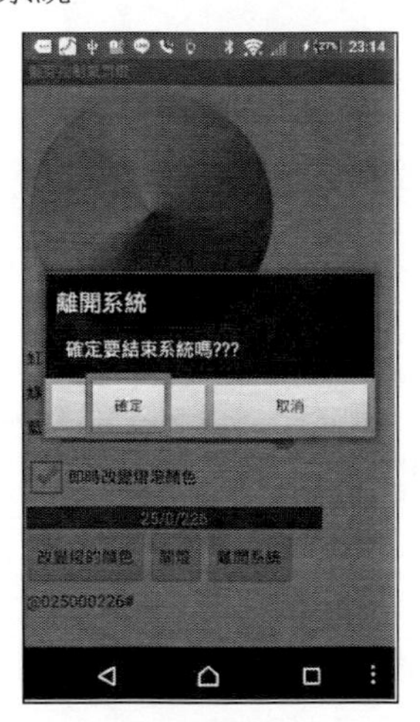

圖 346 確定離開系統提示

章節小結

本章主要介紹之如何透過 APP Inventor 2 來增強原來 Nano 氣氛燈程式開發之手機應用系統，並增加色盤方式選擇燈泡顏色，使整個手機應用系統更加完善，並更簡單 WS2812B 全彩燈泡模組。

透過本章節的解說，相信讀者會對連接、使用 APP Inventor 2 來攥寫專業級的手機應用系統，有更深入的了解與體認。

本書總結

筆者對於 Arduino 相關的書籍，也出版許多書籍，感謝許多有心的讀者提供筆者許多寶貴的意見與建議，筆者群不勝感激，許多讀者希望筆者可以推出更多的教學書籍與產品開發專案書籍給更多想要進入『物聯網』、『智慧家庭』這個未來大趨勢，所有才有這個系列的產生。

本系列叢書的特色是一步一步教導大家使用更基礎的東西，來累積各位的基礎能力，讓大家能更在 Maker 自造者運動中，可以拔的頭籌，所以本系列是一個永不結束的系列，只要更多的東西被製造出來，相信筆者會更衷心的希望與各位永遠在這條 Maker 路上與大家同行。

附錄

Arduino Nano 腳位圖

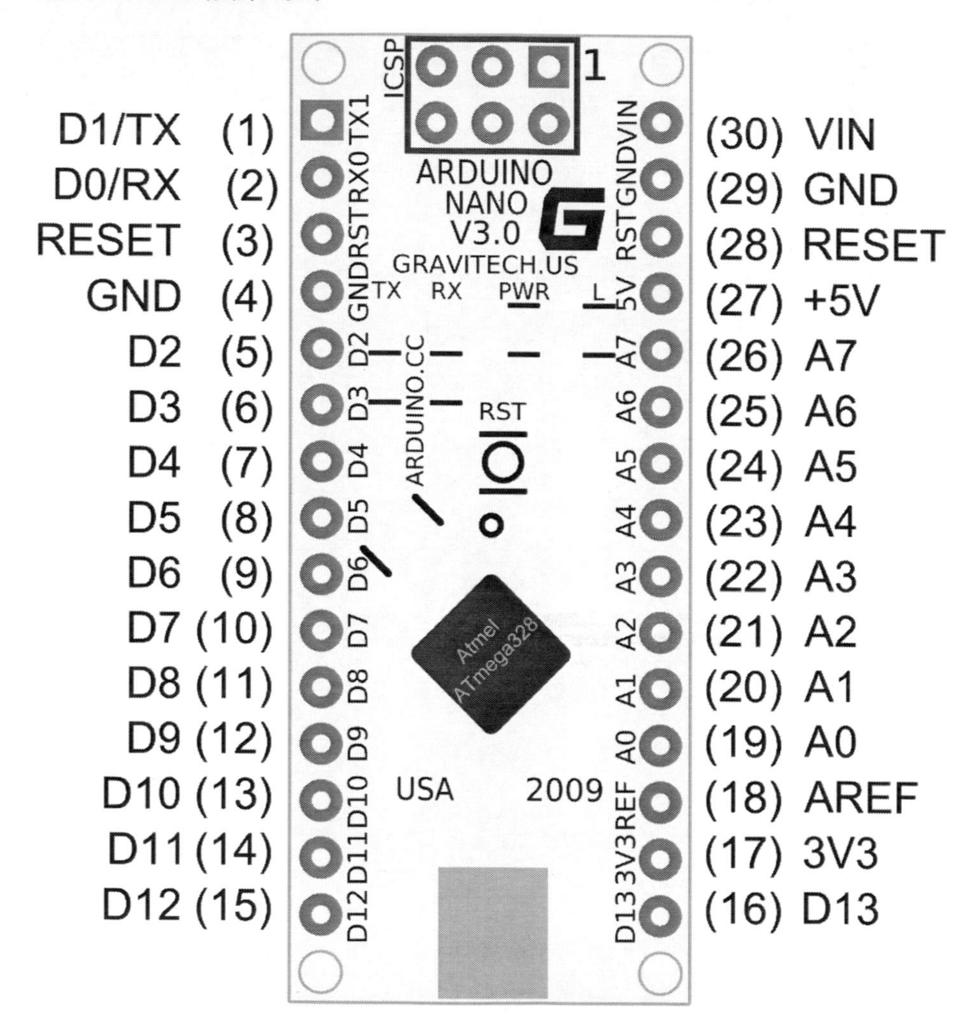

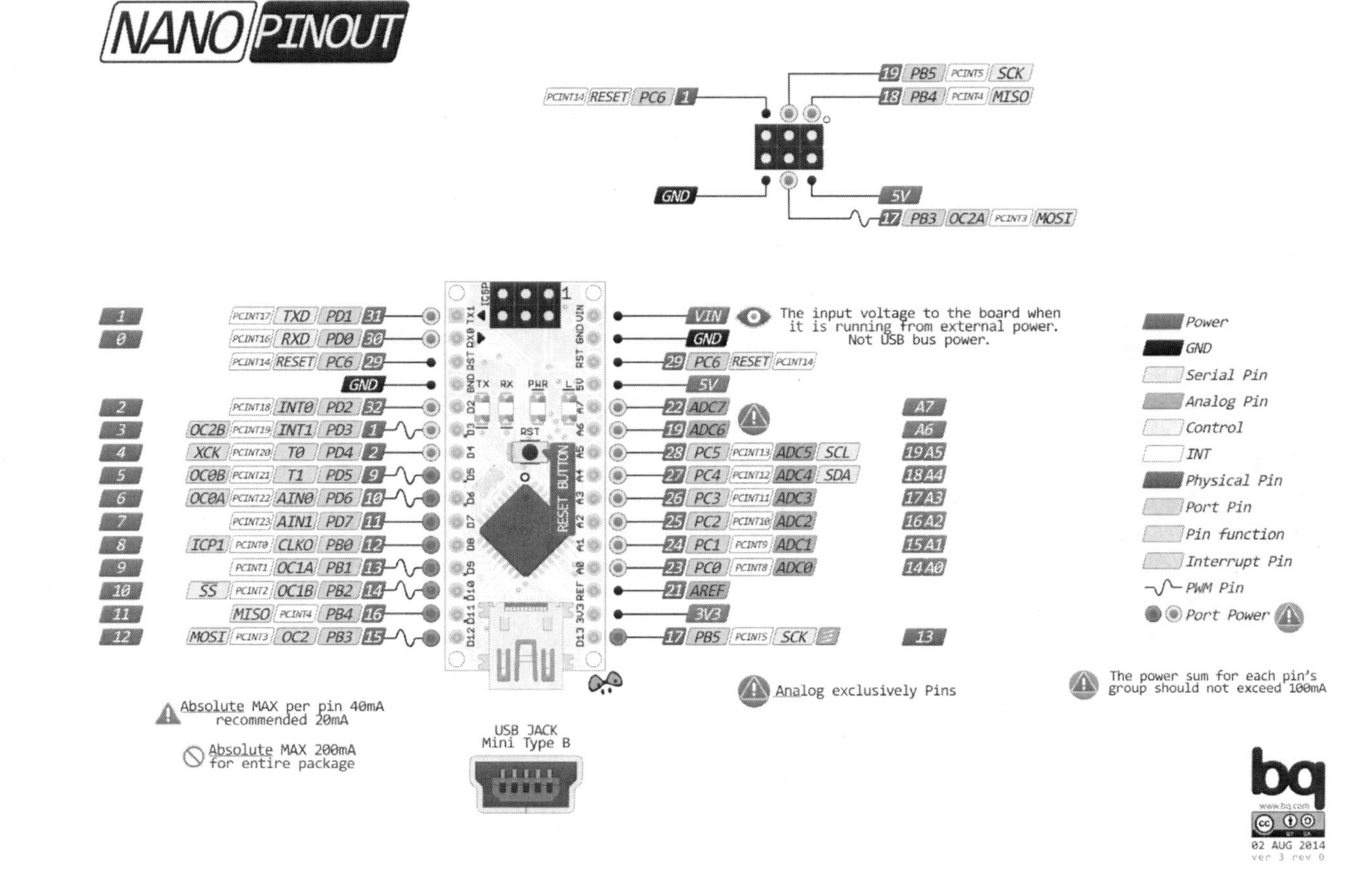

資料來源：Arduino Nano 官網：http://www.amebaiot.com/boards/

燈泡變壓器腳位圖

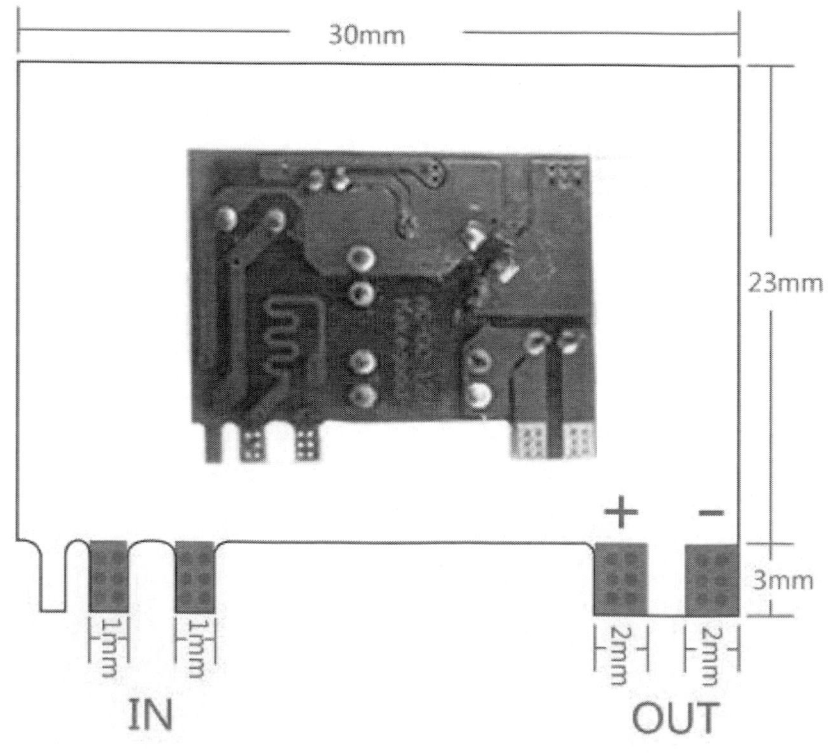

參考文獻

曹永忠, 许智诚, & 蔡英德. (2014). *Arduino 光立体魔术方块开发: Using Arduino to Develop a 4* 4 Led Cube based on Persistence of Vision.* 台湾、彰化: 渥瑪數位有限公司.

曹永忠, 吳佳駿, 許智誠, & 蔡英德. (2016a). *Ameba 气氛灯程序开发(智能家庭篇):Using Ameba to Develop a Hue Light Bulb (Smart Home)* (初版 ed.). 台湾、彰化: 渥瑪數位有限公司.

曹永忠, 吳佳駿, 許智誠, & 蔡英德. (2016b). *Ameba 氣氛燈程式開發(智慧家庭篇):Using Ameba to Develop a Hue Light Bulb (Smart Home)* (初版 ed.). 台湾、彰化: 渥瑪數位有限公司.

曹永忠, 吳佳駿, 許智誠, & 蔡英德. (2016c). *Ameba 程式設計(基礎篇):Ameba RTL8195AM IOT Programming (Basic Concept & Tricks)* (初版 ed.). 台湾、彰化: 渥瑪數位有限公司.

曹永忠, 吳佳駿, 許智誠, & 蔡英德. (2016d). *Ameba 程序设计(基础篇):Ameba RTL8195AM IOT Programming (Basic Concept & Tricks)* (初版 ed.). 台湾、彰化: 渥瑪數位有限公司.

曹永忠, 吳佳駿, 許智誠, & 蔡英德. (2017a). *Ameba 程式設計(物聯網基礎篇):An Introduction to Internet of Thing by Using Ameba RTL8195AM* (初版 ed.). 台湾、彰化: 渥瑪數位有限公司.

曹永忠, 吳佳駿, 許智誠, & 蔡英德. (2017b). *Ameba 程序设计(物联网基础篇):An Introduction to Internet of Thing by Using Ameba RTL8195AM* (初版 ed.). 台湾、彰化: 渥瑪數位有限公司.

曹永忠, 吳佳駿, 許智誠, & 蔡英德. (2017c). *Arduino 程式設計教學(技巧篇):Arduino Programming (Writing Style & Skills)* (初版 ed.). 台湾、彰化: 渥瑪數位有限公司.

曹永忠, 許智誠, & 蔡英德. (2014a). *Arduino 互動跳舞兔設計: The Interaction Design of a Dancing Rabbit by Arduino Technology* (初版 ed.). 台灣、彰化: 渥瑪數位有限公司.

曹永忠, 許智誠, & 蔡英德. (2014b). *Arduino 手搖字幕機開發:The Development of a Magic-led-display based on Persistence of Vision* (初版 ed.). 台灣、彰化: 渥瑪數位有限公司.

曹永忠, 許智誠, & 蔡英德. (2014c). *Arduino 手摇字幕机开发: Using Arduino to Develop a Led Display of Persistence of Vision.* 台湾、彰化: 渥瑪數位有限公司.

曹永忠, 許智誠, & 蔡英德. (2014d). *Arduino 光立體魔術方塊開發:The Development of a 4 * 4 Led Cube based on Persistence of Vision* (初版 ed.). 台灣、

彰化: 渥瑪數位有限公司.

曹永忠, 許智誠, & 蔡英德. (2014e). *Arduino 旋转字幕机开发: Using Arduino to Develop a Propeller-led-display based on Persistence of Vision*. 台湾、彰化: 渥瑪數位有限公司.

曹永忠, 許智誠, & 蔡英德. (2014f). *Arduino 旋轉字幕機開發: The Development of a Propeller-led-display based on Persistence of Vision*. 台灣、彰化: 渥瑪數位有限公司.

曹永忠, 許智誠, & 蔡英德. (2015a). *Arduino Dino 自走车(入门篇):Arduino Dino Car(Basic Skills & Assembly)* (初版 ed.). 台湾、彰化: 渥瑪數位有限公司.

曹永忠, 許智誠, & 蔡英德. (2015b). *Arduino Dino 自走車(入門篇):Arduino Dino Car(Basic Skills & Assembly)* (初版 ed.). 台湾、彰化: 渥瑪數位有限公司.

曹永忠, 許智誠, & 蔡英德. (2015c). *Arduino 手机互动编程设计基础篇:Using Arduino to Develop the Interactive Games with Mobile Phone via the Bluetooth* (初版 ed.). 台湾、彰化: 渥瑪數位有限公司.

曹永忠, 許智誠, & 蔡英德. (2015d). *Arduino 手機互動程式設計基礎篇:Using Arduino to Develop the Interactive Games with Mobile Phone via the Bluetooth* (初版 ed.). 台湾、彰化: 渥瑪數位有限公司.

曹永忠, 許智誠, & 蔡英德. (2015e). *Arduino 乐高自走车:Using Arduino to Develop an Autonomous Car with LEGO-Blocks Assembled* (初版 ed.). 台湾、彰化: 渥瑪數位有限公司.

曹永忠, 許智誠, & 蔡英德. (2015f). *Arduino 程式教學(入門篇):Arduino Programming (Basic Skills & Tricks)* (初版 ed.). 台湾、彰化: 渥玛数位有限公司.

曹永忠, 許智誠, & 蔡英德. (2015g). *Arduino 程式教學(常用模組篇):Arduino Programming (37 Sensor Modules)* (初版 ed.). 台湾、彰化: 渥玛数位有限公司.

曹永忠, 許智誠, & 蔡英德. (2015h). *Arduino 程式教學(無線通訊篇):Arduino Programming (Wireless Communication)* (初版 ed.). 台湾、彰化: 渥瑪數位有限公司.

曹永忠, 許智誠, & 蔡英德. (2015i). *Arduino 编程教学(无线通讯篇):Arduino Programming (Wireless Communication)* (初版 ed.). 台湾、彰化: 渥瑪數位有限公司.

曹永忠, 許智誠, & 蔡英德. (2015j). *Arduino 编程教学(常用模块篇):Arduino Programming (37 Sensor Modules)* (初版 ed.). 台湾、彰化: 渥玛数位有限公司.

曹永忠, 許智誠, & 蔡英德. (2015k). *Arduino 樂高自走車:Using Arduino to*

Develop an Autonomous Car with LEGO-Blocks Assembled (初版 ed.). 台湾、彰化: 渥瑪數位有限公司.

曹永忠, 許智誠, & 蔡英德. (2015l). *Arduino 編程教学(入门篇):Arduino Programming (Basic Skills & Tricks)* (初版 ed.). 台湾、彰化: 渥玛数位有限公司.

曹永忠, 許智誠, & 蔡英德. (2016a). *Arduino 程式教學(基本語法篇):Arduino Programming (Language & Syntax)* (初版 ed.). 台湾、彰化: 渥瑪數位有限公司.

曹永忠, 許智誠, & 蔡英德. (2016b). *Arduino 程序教学(基本语法篇):Arduino Programming (Language & Syntax)* (初版 ed.). 台湾、彰化: 渥瑪數位有限公司.

曹永忠, 郭晉魁, 吳佳駿, 許智誠, & 蔡英德. (2017). *Arduino 程序设计教学(技巧篇):Arduino Programming (Writing Style & Skills)* (初版 ed.). 台湾、彰化: 渥瑪數位有限公司.

曹永忠, 郭晉魁, 許智誠, & 蔡英德. (2016a). *Arduino 仿生蜘蛛制作与程序设计:Using Arduino to Make a Mechanical Spider* (初版 ed.). 台湾、彰化: 渥瑪數位有限公司.

曹永忠, 郭晉魁, 許智誠, & 蔡英德. (2016b). *Arduino 仿生蜘蛛製作與程式設計:Using Arduino to Make a Mechanical Spider* (初版 ed.). 台湾、彰化: 渥瑪數位有限公司.

維基百科. (2016, 2016/011/18). 發光二極體. Retrieved from https://zh.wikipedia.org/wiki/%E7%99%BC%E5%85%89%E4%BA%8C%E6%A5%B5%E7%AE%A1

趙英傑. (2013). *超圖解 Arduino 互動設計入門*. 台灣: 旗標.

趙英傑. (2014). *超圖解 Arduino 互動設計入門(第二版)*. 台灣: 旗標.

藍芽氣氛燈程式開發（智慧家庭篇）
Using Nano to Develop a Bluetooth-Control Hue Light Bulb (Smart Home Series)

作　　者：曹永忠、吳佳駿、許智誠、蔡英德
發 行 人：黃振庭
出 版 者：崧燁文化事業有限公司
發 行 者：崧燁文化事業有限公司
E-mail：sonbookservice@gmail.com
粉 絲 頁：https://www.facebook.com/sonbookss/
網　　址：https://sonbook.net/
地　　址：台北市中正區重慶南路一段六十一號八樓 815 室
Rm. 815, 8F., No.61, Sec. 1, Chongqing S. Rd., Zhongzheng Dist., Taipei City 100, Taiwan
電　　話：(02) 2370-3310
傳　　真：(02) 2388-1990
印　　刷：京峯彩色印刷有限公司（京峰數位）
律師顧問：廣華律師事務所 張珮琦律師

定　　價：380 元
發行日期：2022 年 03 月第一版
◎本書以 POD 印製

國家圖書館出版品預行編目資料

藍芽氣氛燈程式開發 . 智慧家庭篇 = Using Nano to develop a Bluetooth-control hue light bulb(smart home series) / 曹永忠，吳佳駿，許智誠，蔡英德著 . -- 第一版 . -- 臺北市：崧燁文化事業有限公司，2022.03
　面；　公分
POD 版
ISBN 978-626-332-101-4(平裝)
1.CST: 微電腦 2.CST: 電腦程式語言
471.516　111001419

官網

臉書